지리교사의 서울 도시 산책

지리교사의 서울 도시 산책
미래 창조의 공간

초판 1쇄 발행 2018년 9월 8일

지은이   이두현
펴낸이   김선기
펴낸곳   (주)푸른길
출판등록 1996년 4월 12일 제16-1292호
주소   (08377) 서울시 구로구 디지털로 33길 48 대륭포스트타워 7차 1008호
전화   02-523-2907, 6942-9570~2
팩스   02-523-2951
이메일   purungilbook@naver.com
홈페이지 www.purungil.co.kr

ISBN   978-89-6291-449-8 03980

• 이 도서의 국립중앙도서관 출판예정도서목록(CIP)은 서지정보유통지원시스템 홈페이지(http://
seoji.nl.go.kr)와 국가자료공동목록시스템(http://www.nl.go.kr/kolisnet)에서 이용하실 수 있습
니다.(CIP제어번호: CIP2018012319)

지리교사의
서울
도시 산책

미래 창조의 공간

이두현 지음

푸른길

산책을 나서며

대한민국 수도 서울, 우린 이곳에 살면서 일상에 파묻혀 삶의 작은 여유조차 느끼지 못한 채 살아갑니다. 그렇게 도시민으로 살아가면서 간혹 일상의 무료함이 온몸을 감쌀 때, 이 고층 빌딩 숲을 한번쯤 벗어나고 싶다는 충동을 느낍니다. 분주하게 준비해서 떠나야 하는 긴 여행을 바라는 것이 아닙니다. 그냥 삶의 작은 쉼표라도 한번 찍을 수 있는 그런 여행이면 됩니다. 그렇다고 마냥 쉼만 있는 휴양이 아닌, 여행의 여정 가운데 느낌표가 가득하고 그 중간에 작은 쉼표를 찍을 수 있는 그런 산책 같은 여행이면 좋겠습니다.

이런 여행을 즐길 수 있는 곳은 어디에 있을까요? 너무 멀리 가야만 찾을 수 있을까요? 사실 이런 곳은 우리 주위에 항상 있어 왔습니다. 우리는 이를 모른 채 살아왔을 뿐입니다. 특히 수도 서울은 전통문화에서부터 현대에 이르기까지, 각양각색의 경관들로 가득한 곳입니다. 조선 왕조의 역사를 그려 볼 수 있는 궁궐 산책을 떠나 보는 것은 어떨까요? 젊은이들의 핫플레이스로 손꼽히는 홍대거리나 신사동 가로수길을 걸어 보는 것도 좋을 겁니다. 아니면 벽화 골목이 조성된 문래동 철공 골목이나 이화마을, 홍제동 개미마을은 어떨까요?

이 책에서 소개할 곳은 서울의 미래를 주도해 나갈 창조적 공간들입니다. 창조적 패션과 디자인의 발상지 동대문 패션거리, 높은 관용성이 보여 주는 다양성의 실험 공간 이태원, 젊은 열정이 만들어 낸 창조 문화 공간 홍대거리, 그리고 세계적인 명품 문화 공간으로 탈바꿈하고 있는 강남거리입니다. 각기 다른 모습들을 지니고 있지만 네 곳은 모두 활기찬 에너지를 발산하며 창조적 문화를 선도해 가는 공간입니다.

때론 압도하는 고층 빌딩의 스카이라인과 다람쥐 쳇바퀴 돌듯 바쁘게만 돌아가는 일상으로 인해 거리도 사람도 모두 너무 경직되어 보입니다. 어쩌면 이렇게 바삐 돌아가야만 하는 장소적 숙명으로 인해 이곳들이 서울의 핫플레이스가 되었는지도 모를 노릇입니다. 혁신적 기업들은 대로변에 모여 붉게 물든 가을 숲처럼 스카이라인을 이루고, 그 뒤편 골목은 이른 봄에 잔잔히 피어나는 야생화처럼 젊은이들의 창조적 열정이 한데 모여 그 꿈을 펼쳐 갑니다. 혁신적인 아이템들로 자신만의 옷을 입힌 골목은 새로운 공간으로 재탄생해 나갑니다. 현재라는 공간 속에 있지만 그 속에 서면 우리 미래의 모습을 그려 볼 수 있습니다. 소비자의 욕구에 민감하게 반응해 스스로 진화해 나가야만 그 뿌리를 내릴 수 있는 골목 생태계입니다. 이 생태계 안

에서 빠르게 적응하지 못하는 순간 도태되어 사라져 버리고 맙니다. 여기에서 과거는 기억되지 않습니다. 현재라는 공간만이 있을 뿐이고, 미래에 대한 도전만이 있을 뿐입니다. 쓰디쓴 아픔 가운데 새로운 열정과 혁신이 이곳을 핫 플레이스로 만드는 원동력입니다. 아마 여러분이 이 글을 읽는 순간에도 이 거리에서는 새로운 실험들이 시도되고 있을 것입니다. 이 책을 통해 시시때때로 새로운 옷으로 갈아입어야만 하는 숙명을 타고난 곳, 수도 서울의 창조적 공간들을 소개하고자 합니다.

이 책은 필자가 10여 년 동안 서울을 돌아다니면서 나름대로 정리한 글을 엮은 것입니다. 누구나 한번쯤은 방문해 보았을 곳이기는 하지만 누군가가 놓쳤을 그 무언가를 스스로 발견해 보겠다는 다짐을 하며 시작하게 되었습니다. 그 과정은 탐험과도 같았습니다. 미지의 세계는 서울에서도 펼쳐졌고 골목 곳곳이 저의 탐험의 무대가 되었습니다. 스스로를 '골목 탐험가', '도시 탐험가'라고 이름 붙여 가며 탐험의 새로운 장르를 개척했다는 것에 자부심도 느끼게 되었습니다.

이 글을 쓰기 시작할 때는 쉽게 쓰일 것이라고 생각했습니다. 하지만 짧지 않은 탐험 기간, 2년이 넘는 집필 기간을 가지고서야 원고를 마무리할

　　　　　　　　　　　　　　　　지리교사의 서울 도시 산책

수 있었습니다. 그리고 이 원고가 책으로 나오기까지 꽤나 긴 수정 기간을 거쳤습니다. 부족한 부분들이 보일 때마다 다시 찾은 도시의 공간들은 수시로 변해 갔습니다. 변화된 것을 확인하고 고쳐 나가는 작업에서 더 많은 것을 얻었습니다. 살아 숨 쉬고 있는 공간 서울을 더 많은 사람들과 공유하고 싶은 이유입니다.

글을 쓰면서 가장 고민했던 부분은 소중한 시간을 내어 이 글을 읽게 될 독자였습니다. 청소년부터 성인까지, 여행을 좋아하는 모든 독자에게 서울 산책의 묘미를 선사하고 싶었습니다. 더불어 동대문 패션거리, 이태원, 홍대거리, 강남거리 등에서 서울의 역동성을 함께 느끼며 도시의 미래 모습을 그려 볼 수 있는 기회가 되길 바랍니다.

끝으로 이 책을 집필하고 출판하는 데 아낌없는 조언을 해 주신 선생님들께 감사드립니다. 그동안 함께 답사하며 도와주신 안지혜 님께도 감사의 말을 전합니다. 무엇보다 이 책이 출판되기까지 함께 수정하며 글 하나하나에 정성을 기울여 주신 (주)푸른길의 모든 분들께 감사한 마음을 전합니다.

차 례

이태원

서울에서 즐기는 무박 2일의 세계 여행 ...72

홍대거리

강남거리

동대문 패션거리

창조적 디자인의 발상지

일찍이 대한민국 패션 산업과 쇼핑의 메카로 알려진 동대문 패션거리는 최근 동대문디자인플라자&파크, 즉 DDP의 완공과 서울패션위크 등 다양한 패션 디자인 행사가 진행되면서 세계적인 패션 명소로 발돋움해 나가고 있다. 밀리오레, 두타, 헬로 apM 등의 대형 패션 쇼핑몰이 밀집된 거리는 수많은 인파로 불야성을 이룬다. DDP에서는 런웨이가 펼쳐지고, 그 가운데 자신만의 패션 아이템으로 거리 패션쇼를 선보이는 '리얼웨이(real way)'도 펼쳐진다. 화려한 네온사인이 수놓은 패션거리의 화려함 속에서 DDP 뒤쪽으로는 유구문화유적이 드러나 기억의 한 장면이 펼쳐진다. 동대문이 패션의 메카로 굳건히 서는 데 그 역할을 묵묵히 담당해 왔던 평화시장, 동대문종합시장, 신평화시장 등의 도매시장들도 숨은 매력을 더한다. 여러 시장을 가로질러 그 한가운데로는 청계천이 수도 서울의 600년 역사를 간직한 채 흐르고 있다.

이처럼, 동대문 패션거리는 365일 젊은이들의 감성을 담아낸 새로운 패션 아이템을 선보이는 창조의 공간이다. 우리 옛 역사의 공간도 조금씩 그 발자취를 드러내며 숨겨진 이야기를 전해 준다. 창조의 무대로 재조명을 받고 있는 동대문 패션거리, 그 속에는 우리의 미래가 있다. 대한민국 패션과 디자인, 그리고 옛 역사가 함께 공존하는 멀티형 산책 공간, 동대문 패션타운으로 도시 산책을 떠나 본다.

대한민국 쇼핑의 메카,
동대문 패션타운
-

동대문 패션타운으로 여행 떠나기

얼마 전까지만 해도 '동대문운동장'이라고 불리고 지하철 '동대문운동장' 역이 있었던 곳, 너무나도 익숙해서일까? '동대문역사문화공원'이라는 긴 역 이름이 아직까지도 낯설다. 2호선과 4호선이 만나는 이 역이 그 첫 문을 열었을 때인 1983년 당시에는 '서울운동장'역으로 불렸다. 1985년에 '동대문운동장'으로 바뀐 역의 이름은 2009년에 또 한 번 바뀌어 현재의 이름을 갖게 되었다. 2000년대 초부터 역 주변으로는 대형 쇼핑몰을 중심으로 동대문운동장, 광희문과 국립의료원, 한국교육학술정보원 등이 자리 잡고 있었다. 지금 동대문운동장은 사라지고, 몇몇 기관들도 다른 지역으로 이동해 거리 풍경은 크게 달라졌다.

'디자인 창조의 발산지'라고 불리는 만큼 지하철역 안에서부터 세련된 디자인의 면면이 드러난다. 장충단로를 따라 자리 잡고 있는 대형 쇼핑몰을 보기 위해 14번 출구로 나오면, 그 왼편으로 거대 쇼핑몰들이 화려하고도 웅장한 자태를 뽐낸다. 이곳이 대한민국 패션·디자인의 명소인 동대문 패션타운이다. 우리나라를 찾는 일본, 중국 등 아시아계 방문객들이 꼭 한 번

14   지리교사의 서울 도시 산책

세련된 디자인을 보여 주는 동대문역사문화공원 역사　　　　　　관광 안내소에 비치된 안내 책자들

은 들러 쇼핑을 하고 간다는 그곳이다. 역 앞에는 관광 안내소가 있고, 그 안에 각 나라 언어로 된 안내 책자가 차곡차곡 진열되어 있다. 외국인 방문객뿐만 아니라 내국인을 위한 안내 책자도 구비되어 있어 이제는 어엿한 관광지임을 보여 준다. 장충단로 건너편으로는 우주선을 연상시키는 모양의 동대문디자인플라자&파크, 일명 DDP가 방문객들의 시선을 한눈에 사로잡는다. 쇼핑몰이 만들어 내는 스카이라인과 DDP의 유선형체는 서로 대비되어 이색적인 거리 풍경이 연출된다.

　대한민국 패션 1번지로 손꼽히는 동대문 시장, 그 규모부터가 압도적이다. 토지 면적은 31만 m²로 여의도 공원보다 크고, 건물 연면적 80만 m²로 축구장 155개 규모인 롯데월드타워와 비견된다. 의류 원단 관련 도소매 건물이 30여 채, 그 안에 3만여 개의 상점들이 입주하고 있다. 이는 서울시 의류 사업체 중 4분의 1에 달하는 규모다. 도매와 소매가 공존하고 24시간 내내 생산과 소비 활동이 이루어지는 국내 최대의 패션 단지다. 밤에 쇼핑을 즐기는 동대문 패션타운은 내국인뿐만 아니라 외국인들에게도 묘한 매력이

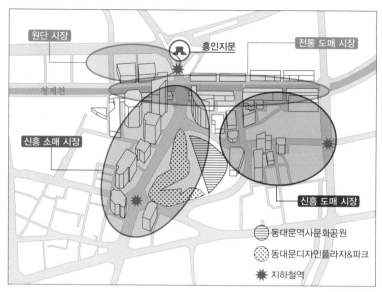

동대문 시장의 구성도(출처: "대한민국 패션 1번지, 동대문", 프레시안, 2013. 9. 4. 재인용)

있는 곳이다.

　동대문에는 대기업 브랜드 의류 매장보다 중소규모 자영업 점포가 훨씬 많다. 이들 소매점은 동대문 패션타운 안에 있는 도매업체와 연계되어 있어, 다른 곳에 비해 저렴한 가격으로 상품이 판매된다. 동대문 시장은 특정 지역에 연관 관계가 깊은 다수의 기업과 기관이 지리적으로 집중되어 있음으로써 원단 등을 조달하는 데 유리하고, 디자인과 기술을 개발하며, 인력과 정보 교류 등이 원활하게 이루어져 시너지 효과가 나타나는 하나의 패션 클러스터다. 동대문 시장은 그 기능에 따라 크게 네 개의 시장으로도 구분된다. 원단과 같은 부자재를 조달하고 판매하는 원단 시장, 평화시장과 신평화시장, 제일평화시장이 자리 잡고 있는 전통 도매시장, 남서쪽으로 밀리오레, 두타 등 소매를 전문하는 소매시장, 그리고 DDP 주변 맥스타일, 아트프라자 등을 중심으로 한 신흥 도·소매시장이다. '시장'이라 이름 붙여진 네 구역은 서로 그 기능을 분담하여 제품을 개발하고 원료를 공급하며, 수요를 충족시킬 제품을 생산하여 판매한다. 이처럼 동대문 시장은 창조적 제품을 만드는 전 과정이 함께 이루어지는 협업의 공간이다.

새롭게 문을 연 롯데피트인

롯데피트인은 1층부터 시작해 중간 정도까지 삼각형, 사각형 등 가지각색의 유리벽과 그 가운데 큰 LCD 광고판 등으로 디자인된 미디어 파사드가 가장 먼저 눈에 띈다. 외관은 새옷을 입는다는 의미로 직물 형태로 디자인하였다. 지하 3층부터 지상 8층까지 11개 층에 영업 면적 약 19,174m² 규모의 대형 쇼핑몰이다.

삼각형, 사각형 등 가지각색의 유리 외관을 한 건축 디자인과 가운데 아주 큰 LCD 광고판이 눈에 띈다.

이 건물은 2007년 완공된 후 사실상 7년여간 거의 방치되다시피 했던 쇼핑몰이다. 롯데자산개발이 2011년 분양권자들과 협상을 통해 일괄 임대한 이후 2013년에야 '롯데피트인 동대문점'으로 새롭게 문을 열었다. 완공 당시 동대문 상권이 이전의 영향력을 따라잡지 못하고 그 힘을 잃어 가면서 운영 인력 없이 방치되었던 시설이다. 늦게나마 유통 대기업의 운영 노하우가 접목되어 새로운 쇼핑복합 공간으로 재탄생된 첫 사례다.

미운오리새끼에 불과했던 이곳은 대기업 자본의 과감한 투자로 외국인 관광객들이 많이 찾는 관광 명소로 탈바꿈하고 있다. 국내 최초로 오픈하는 최상위 디자이너 전문관은 홍대 및 이태원, 그리고 가로수길 등에서 인증된 트렌드에 빠르게 대응할 능력을 갖추고 있다. 우수한 상품력을 가진 중소규모 전문 숍도 입점하고 있다. 쇼핑 공간은 비정형의 보로노이 다각형 디자인●을 적용시켰고 개관 초기, 이상봉, 진태옥, 신장경, 홍은주와 같은 국내 정상급 디자이너들과 동대문 상가에서 배출한 신진 디자이너들의 브랜드 제품으로 전시 및 판매하였다. 매주 디자이너들과 함께 상설 패션쇼를 열면서 피트인을 동대문 패션 1번지로 변화시켜 나갔다. 7층 푸드 코트는 세계 3대 디자이너 카림 라시드가 디자인한 것으로 잘 알려졌으나, '짝퉁' 상품 판매 문제로 방문객이 감소하고, 상품에 대한 관심이 줄어들면서 5층과 6층은 화장품을 포함한 뷰티 관련 숍으로, 7층은 프랜차이즈 음식점과 힐링파크, 만화 카페 등으로 변화되었다. 한편 2014년, 건물 9층에는 세계 최초로 홀로그램 전용 상영관인 케이라이브(K–live)가 설치되었다. 270도 파노라마 시스템, 14.2채널 서라운드 음향 효과 등의 시설을 갖춘 후 디지털과 아날로그의 감성이 융합된 여러 홀로그램 작품들이 상영되었다. 특히 2016년 홀로그램 뮤지컬 '코믹 메이플스토리'와 드로잉쇼 '렛츠고' 등은 내외국인 방문객들에게 큰 찬사를 받았을 정도로 한류 콘텐츠의 새로운 장르를 개척하는 성과를 이뤘다.

● 수학적인 원리로 평면을 분할하는 과정에서 제시되는 그림을 보로노이 다이어그램이라고 하는데 이때 나타나는 다각형. 특정한 점을 기준으로 가장 가까운 점들의 집합이 된다. 수학자 조지 보로노이(Georgy Voronoy)의 이름에서 따왔다. 일반적으로 지리학, 건축학, 디자인 등의 분야에서 연구되고 있으며 동사무소, 소방서, 경찰서 등의 공공기관을 효율적으로 분할하기 위한 연구에서 사용되고 있다.

롯데피트인은 국내 최초로 오픈하는 최상위 디자이너 전문관과 홍대, 이태원 그리고 가로수길 등에서
인증된 빠른 트렌드 대응 능력을 갖추고 있고, 우수한 상품력을 가진 중소규모 전문 숍도 입점하고 있다.

아픔을 가득 안고 개장한 굿모닝시티!

동대문 쇼핑몰 하면 사람들은 당연하다는 듯 밀리오레, 헬로 apM, 두산 타워(두타) 등을 먼저 손꼽는다. 어느 순간 이 대형 쇼핑몰은 동대문을 대표하는 랜드마크가 되었다. 젊은이들의 쇼핑 명소에서 이제는 한류 디자인과 패션 문화를 선도하는 명소로 알려졌다. 이처럼 동대문 지역에 거대한 상권이 형성된 이유는 무엇일까?

동대문 상권은 크게 네 단계를 거쳐 형성되었다. 근대 상권으로서 그 첫 시작은 1905년 광장시장 설립이었다. 1930년대 후반 국내 면직물의 생산과 소비가 증가되면서 일본산 면직물 수출 거점으로 호황을 누리게 되었다. 두 번째 단계는 1961년 평화시장이 개장되면서 부터다. 6·25 전쟁 이후 청계천 주변에 공장 및 점포 겸용의 무허가 판잣집이 지어졌고 이곳에

1998년에 밀리오레, 1999년에는 두산타워, 2002년에는 헬로 apM, 2004년에는 굿모닝시티, 라모도, 패션TV가 문을 열면서 동대문은 거대 패션 천국으로 자리 잡았다.

지리교사의 서울 도시 산책

서 자연스럽게 시장이 형성되었다. 평화시장이라는 이름은 실향민이 주축으로 형성되어 온 시장답게 전쟁의 상처를 달래기 위해 붙여진 것이다. 대형 쇼핑몰이 이곳에 입점하게 된 것은 세 번째 단계인 1990년대부터다. 1990년 4층 규모의 현대식 상가 건물로 세워진 아트프라자는 지방 상인들을 버스로 실어 나르고, 도매시장의 개장 시간을 당시 새벽 3시에서 12시(새벽 0시)로 앞당기는 파격적인 시도를 통해 성공적으로 자리 잡게 되었다. 이와 같은 변화로 당시 남대문 우위였던 상권을 무너트리는 계기가 되었다. 아트프라자의 성공으로 인해 이 일대는 같은 해 디자이너클럽(1994년), 우노꼬레·팀204·거평프레야(1996년) 같은 쇼핑몰이 들어서기 시작했다. 네 번째 단계는 이곳의 대표 랜드마크 격인 밀리오레가 세워진 1998년부터다. 밀리오레는 당시 도매 중심이었던 상권 일부를 소매로 바꾸고 하루 18시간(오전 11시~다음날 오전 5시) 영업을 통해 새 시장을 열었다. 무엇보다 야외 공연장을 만들어 행사를 진행하는 등 색다른 마케팅 기법을 활용해 명성을 얻었다. 1999년에는 두타, 2002년에는 헬로 apM, 2004년에는 굿모닝시티, 라모도, 패션TV가 새롭게 자리 잡게 되었다.

당시 이 지역은 젊은이들의 쇼핑 명소로 부각되면서 일평균 유동 인구가 100만 명에 달해 최대 상권으로 자리 잡았다. 거대 쇼핑몰의 등장으로 인해 연간 외국인 방문객도 250만 명을 넘어설 것으로 예측되면서 쇼핑몰 간의 경쟁은 더욱 치열해졌다. 밀리오레의 매장 수는 1200여 개, 두타와 헬로 apM 1100여 개, 라모도와 패션TV 1200여 개, 굿모닝시티 2000여 개에 달하는 거대 쇼핑 천국이 되었다.

이 중 상호만 봐도 즐거움이 가득 넘칠 것 같은 굿모닝시티는 분양 초기 아픈 상처로 얼룩졌던 쇼핑몰이다. 2003년 회사 대표가 분양 대금 3700억 원이라는 자금을 횡령하여 3400여 명에 달하는 서민 계약자들에게 시련을 안겨 주었기 때문이다. 피해자들은 1억 원 가까이 되는 돈을 고스란히 날리고 매달 150만 원이나 되는 빚에 시달려야 했다. 계약자들의 고통은 몇 년간 계속되었고, 계약자협의회를 결성해 2004년에 문을 열게 되기까지 많은 시련을 겪었다. 당시로는 점포 4500여 개를 수용할 수 있는 지하 7층, 지상 16층에 달하는 동대문 최대 규모의 쇼핑몰이었다. 피해자들은 자그마치 1700억 원이나 되는 자금을 더 모아 공사를 진행하였고, 그 일은 아직까지도 회자되고 있다. 이후 동대문 상권은 다시 한 번 위축되는데 2007년 당시 법원 경매시장에 나온 매물이 약 600여 개에 달할 정도였다. 당시 가장 잘 나갔다던 밀리오레에서도 15개의 매장이 경매로 나올 정도였다.

동대문의 상징이 된 쇼핑몰 밀리오레와 24시간 문을 연 헬로 apM

"동대문 어디서 만날까?, 동대문에서 어디로 쇼핑갈까?" 하면 당연하다
는 듯 "밀리오레"라고 답할 정도다. 이처럼 밀리오레는 동대문을 상징하는
대표 쇼핑몰이다. 그것은 앞에서 언급했던 것처럼 동대문에서 새로운 마케
팅 기법을 선보여 크게 성공했고, 이것이 회자되면서 '동대문=밀리오레'라
는 공식이 만들어졌기 때문이다. 단계를 대폭 축소하여 효율적인 유통 시
스템을 적용하고, 매장 분위기를 밝게 연출하였으며, 당시 다른 곳에는 없
었던 에스컬레이터와 탈의실을 설치하였다. 주변의 다른 쇼핑몰과는 달리
신용카드 결제가 가능했던 것도 젊은이들로부터 폭발적인 호응을 얻을 수

밀리오레는 이탈리아어로 '더 좋은'이라는 의미이다.   24시간 내내 잠들지 않는 쇼핑몰이라는 의미를 가진 헬
로 apM

유일하게 청소년을 마케팅 대상으로 삼았던 헬로 apM, 청소년 대상의 콘서트와 댄스대회, 스타크래프트 등 게임 관련 행사도 진행하면서 동대문 문화를 만들어 냈다.

있었던 비결 중 하나다.

밀리오레는 이탈리아어로 '더 좋은'이라는 뜻의 단어이다. 이곳에서는 옷과 패션 보조 제품을 도소매 형태로 모두 판매한다. 원래 밀리오레의 첫 이름은 1967년 설립된 유니온물산(주)이었고 IMF 상황이었던 1998년 2월에 이름을 밀리오레로 바꾸고 쇼핑몰을 열게 되었다. 밀리오레의 인기는 당시 백화점들의 인기를 넘어서면서 2000년에 프리미엄 쇼핑 지역이라고 불리는 명동에도 들어서게 되었다. 이후에는 부산, 대구, 광주, 수원 등 주요 대도시를 비롯하여 타이완의 타이베이시에도 밀리오레의 간판을 세우게 되었다.

2002년 9월에 문을 연 의류 소매 쇼핑몰 헬로 apM은 am과 pm의 합성어로 '24시간 내내 잠들지 않는 쇼핑몰'이라는 의미다. 당시 문을 열었던 쇼핑몰 가운데 가장 아름답고, 간결한 동선 처리를 한 쇼핑몰로 손꼽혔고 유일하게 고객층을 청소년 대상으로 하여 차별화하였다. 마케팅 방법으로는 청소년 대상의 콘서트와 댄스대회, 스타크래프트 등 게임 관련 행사도 진행하였다. 그리고 여성의류 매장이 강세였던 다른 쇼핑몰과 달리 남성의류 매장도 동등하게 배열하여 획기적인 구성 방식을 선보였다.

두타족이라는 신조어를 만들어 낸 두타, 새로운 강자로 떠오른 맥스타일

줄여서 '두타(DOOTA)'라고 부르는 두산타워는 두산그룹 산하에 있는 패션 전문점이다. 어릴 적 텔레비전 광고에서 "두타, 두타" 하는 소리에 꼭 가 봐야지 했던 기억이 아직도 선하다. 당시 두타의 인기는 대단했고 '두타족'을 탄생시킬 정도였다. 일주일에 적어도 두 번 이상 두타에서 쇼핑을 즐기는 N세대를 지칭하는 신조어였다.

두산타워는 1995년 12월에 착공하여 1998년 말에 완공하였다. 지상 34층, 지하 7층의 대형 건물로 1999년 2월에 개장하였고 지금도 동대문 지역에서는 가장 큰 건물이다. '옷을 주제로 한 놀이동산'이라는 개념의 패션 전문점으로, 젊은이들의 쇼핑몰로 자리매김하게 되었다. 2009년에는 고급화·대형화 및 감각적인 패션 전문점을 콘셉트로 리뉴얼 오픈을 하였다. 지하 3층 이하는 주차장이고, 지하 2층은 남성의류, 남성잡화, 면면(다이닝)이, 지하 1층은 스포츠 의류, 스트리트 캐주얼, 푸드코트가 입점해 있다. 1층은 090팩토리, 더센토르, 데시나, 두칸 등의 디자이너 의류가, 2층은 11st, 구구육일, 나무, 나인, 더 바이닐 등의 여성 매장이, 3층은 걸, 나다나엘, 나비브릿지, 더에이스, 드로잉 등의 여성의류 및 구두 매장이 입점해 있다. 4층은 플러쉬, 네이처리퍼블릭, 다드, 도로시, 레더웍스 등의 여성의류

'두타족'이라는 신조어를
만들어 낸 두산타워

및 화장품 매장이, 5층은 도도샵, 리키즈, 마리, 마이리틀타이거 등의 아동
의류와 아동잡화가, 6층은 두다오, 라스베이글, 로로아, 룩옵티컬 등의 액
세서리와 주얼리 매장이 입점해 있다. 8층에서 33층까지는 금융기관과 두
산그룹의 각 계열사 사무실이 자리를 잡고 있다.

　두산타워에서 맞은편에 자리 잡은 맥스타일은 2000년대 후반에 들어서
면서 주춤했던 동대문 쇼핑몰이 명동과 함께 중국인과 동남 아시아인들이
찾는 쇼핑 명소로 조금씩 명성을 되찾기 시작한 이후에 등장한 신흥 쇼핑

외국인 방문객   스타일에 맥을 잡는다는 의미의 쇼핑몰, 맥스타일

몰이다. 옛 흥인시장과 덕운상가 재건축을 통해 2010년에 지하 7층, 지상 18층 초대형 쇼핑몰인 맥스타일을 세우게 되었다.

하지만 동대문 디자인플라자&파크와 청계천 산책로 가까이 입지하고 있음에도 불구하고 2013년에도 공실률이 70~80%에 달해 부채가 커져 갔다. 이에 상가운영위원회를 새롭게 구성하여 리뉴얼 오픈을 하였고, 1층과 2층은 모두 입점하게 되었고, 3층과 4층에도 입점 매장이 늘어 가고 있다.

스타일에 맥을 잡는다는 맥스타일, 이곳에서 먼저 시선을 사로잡은 것은 쇼핑몰 내부의 인테리어다. 각 층마다 주제를 잡아 그 주제에 맞는 인테리어를 선보이고 있다. 지하 2층은 이상한 나라의 앨리스, 자하 1층은 유럽의 골목, 1층 런웨이 위의 하루, 2층 핫 클럽, 3층 메트로폴리탄, 4층 동화의 나라, 5층 우주, 6층 일상의 탈출, 7층 창작 공장, 8층 숲속 길 등으로 구성하였다. 최근 6, 7층은 한류드라마월드로, 8층은 컨벤션 센터와 푸드코트로 새로운 옷을 입고 있다. 조용한 가운데 세련된 내부 인테리어를 보면서 쇼핑할 수 있다는 점이 매력적이기는 하지만 쇼핑객이 많지 않아 걱정이 앞선다. 맥스타일의 흥과 망이 개개인에게 큰 이슈가 되지는 않겠지만 동대문 상권의 부활을 알리는 신호탄 같은 역할을 하는 곳이기 때문이다. 동대문 상권이 다시 한 번 활기를 되찾기 바라 본다.

밤이 깊어질수록 아름다움을 더하는 야경 명소

어느덧 동대문의 밤이 깊어져만 간다. 밤이 깊어지면 질수록 활기가 넘치는 곳이 동대문이다. 그래서일까? 동대문으로 쇼핑이나 여행을 계획하는 사람들은 늦은 밤이나 새벽에 찾는다.

롯데피트인부터 시작해 굿모닝시티, 밀리오레, 두타를 지나 맥스타일까지 이어지는 쇼핑몰은 이른 저녁부터 오색찬란한 네온사인이 가득하고, 그 빛은 밤하늘을 화려하게 수놓는다. 거리에서 저녁의 활기를 느끼며 산책

거리에는 차량의 헤드라이트 불빛과 가로등 불로 한낮처럼 하얗고, 쇼핑몰은 주홍빛의 간판과 벽을 가득 채운 푸른빛의 네온사인 그리고 사무실과 오피스텔에서 간간이 비추는 불빛이 한 폭의 멋진 작품과 같다.

　　　　　　　　　　　　　　　　　　　　　　지리교사의 서울 도시 산책

을 즐기는 즐거움도 크지만 가장 높은 곳에서 화려한 밤의 풍경을 보는 것은 더 좋다. 맥스타일의 옥상 공원은 동대문 쇼핑거리의 화려한 야경을 보기에 안성맞춤이다. 쇼핑몰과 사무실로 나뉘는 8층 위의 옥상에는 작은 공원이 조성되어 있다. 잘 알려진 곳도 아니고, 관광지도 아니기 때문에 밤이 깊어지면 공원은 어둠으로 가득하다. 그 어둠을 뚫고 도로 건너편 동대문 쇼핑거리의 화려한 불빛이 파고든다. 거리는 차량의 헤드라이트 불빛과 가로등불로 한낮처럼 하얗게 비추고, 쇼핑몰은 주홍빛의 간판과 벽면을 가득 채운 푸른빛의 네온사인, 그리고 사무실과 오피스텔에서 비추는 불빛들이 서로 어우러진 풍경은 마치 뉴욕의 타임스퀘어를 방불케 할 정도다.

이제는 요우커의 쇼핑 천국이다

"즈야오 꾸어라이 칸이칸 찌우 쩡 미엔모어(只要過來看一看就贈面膜, 구경만 해도 마스크 팩 드려요)." 큰 소리로 외치는 중국어가 거리 곳곳에서 들리기 시작한다. 저녁 8시쯤 동대문은 사람들로 불야성을 이뤘다. 낮에 봤던 한가로움은 온데간데없이 사라지고 거리는 발 디딜 틈이 없을 정도로 분주하고 시끌벅적해진다. 밤이 깊어질수록 호객꾼들이 외치는 유창한 중국어 소리가 커져만 간다.

쇼핑몰 중에서 관광객들이 가장 많이 찾는 곳이 두산타워이고, 쇼핑몰 안은 중국인들로 그 입구에서부터 만원이다. 1층 매장 안에서는 내가 중국 쇼핑몰에 여행을 온 듯한 착각에 빠지게 될 정도이다. 워낙 중국인 관광객들이 많다 보니 절반이 넘는 매장에서 이들을 상대할 중국인 유학생과 조선족 동포를 직원으로 채용하기도 한다. 매출의 80% 정도는 중국 관광객

동대문을 찾은 요우커들

이 차지하고 있으니 무리는 아니다. 드물기는 하지만 100만 원이 넘는 돈을 옷을 사는 데만 들이는 경우도 있었으니 중국인 관광객의 구매력이 얼마나 막강해졌는가를 실감하게 된다.

한편 소비시장이 이에 의존하는 경향이 높아질까 무서워진다. 일찌감치 메르스 사태, 사드 문제 등을 통해서 확인했듯이 명동과 동대문의 상권은 중국인들의 손에 좌지우지되는 경향이 있기 때문이다. 중국 인구만큼이나 어딜 가든지 중국인 관광객은 많다. 그 속에서 이것이 우리 관광산업의 현 주소가 아닐까 하는 생각에 스스로 작아지는 기분이 들기도 했던 아쉬움의 순간이다.

또한 아이러니하게도 이곳에서 판매되는 상품 중 40%가 중국산이라는 점도 아쉬운 대목이다. 10년 전만 해도 창신동과 신당동 일대의 봉제 공장에서 만들어진 것들이 대부분이었지만 중국산의 품질이 개선되고 가격 경쟁력이 우수해지면서 국내 봉제 공장은 위축되고 상품은 중국산으로 대체되어 판매되고 있다. 이제는 변화가 필요한 시점이다. 중국인 관광객에 대한 지나친 의존이 지금과 같은 문제를 만들어 냈다는 사실을 반면교사로 삼아야 한다. 분명히 한류는 지금 세계로 뻗어나가고 있다. 동남아 · 인도

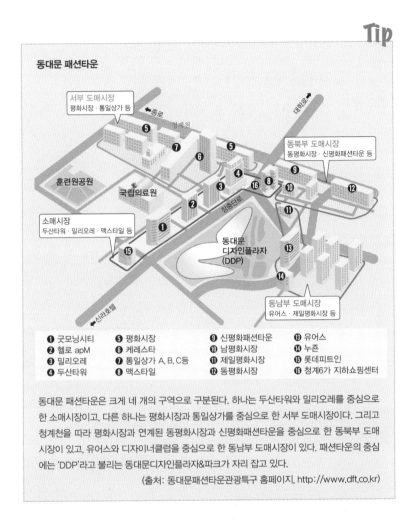

관광객이 중국 관광객의 자리를 채워 가고 있으며 중동과 중남미 국가에서
도 방문객이 늘어 가고 있다는 것은 고무적인 일이 아닐 수 없다. 국내 관광
산업의 재부흥을 이끌기 위해서는 이제 관광 수요의 다양성에 기초한 관광
산업의 다변화가 필요한 때인 듯싶다.

–

한국 패션과 디자인의 명소,
동대문디자인플라자&파크를 보라!

–

서울 디자인과 패션의 중심지, 동대문디자인플라자&파크

　지하철 2호선 동대문역사문화공원역 1번 출구로 나오면 불시착한 우주선이 시선을 사로잡는다. 밝은 대낮임에도 불구하고 그 웅장함은 맑은 하늘도 가릴 정도다. 이 우주선이 도대체 어디서 온 것일까? 우주선을 닮은

동대문디자인플라자&파크

▲서울 패션위크를 보러 온 수많은 인파
●다국적의 방문객
▼촬영을 나온 아마추어 사진작가

동대문 패션거리.. 창조적 디자인의 발상지

이 건물은 '동대문디자인플라자&파크', 일명 줄여서 '디디피(DDP)'라고 부른다.

공상과학(SF) 영화 속에서나 등장할 듯한 동대문디자인플라자&파크는 디자인 서울을 상징하는 대표 건축물로 얼마 전까지 동대문운동장이 있던 곳이다. 2006년 오세훈 전 서울시장이 동대문운동장을 헐고 '21세기 디자인 발신지'라는 기치 아래 건설을 시작하여 7년이라는 기간에 걸쳐 조성되었다. 세계적인 여성 건축가 자하 하디드가 설계하여 유명세를 타기도 했다.

지하철역과 바로 연결된 출입구로 나오니 광장은 수많은 인파로 가득하다. 매번 한산했던 이곳에서 분주히 오가는 사람들 사이로 어디선가 음악소리가 들린다. 사람들의 환호성도 들리기 시작한다. 스피커에서 나오는 음악은 거대한 건물에 부딪혀 더 웅장하게 들린다. 매년 열리는 '서울패션위크'에서 볼 수 있는 풍경이다. 패션쇼장에 들어가지 못한 사람들은 세트장 창에 붙어 패션쇼를 보기 위해 분주한 모습이다.

벤치에 앉아서 쉬고 있는 여행객이나 쇼핑객처럼 보이는 사람들도 있는데 이 중 누군가 지나가는 모델에게 포즈를 요청하면 앉아 있던 사람들이다 같이 일어나 모델에게 다가간다. 패션모델을 촬영하기 위해 나온 아마추어 사진작가이다. 모델은 이들을 위해 기꺼이 포즈를 취하고 젊은 작가들도 자신만의 방식으로 카메라에 모델의 모습을 담아낸다.

첨단 기술과 환경, 그리고 디자인이 만든 건축

동대문디자인플라자&파크(이하 DDP)는 총사업비 4840억 원(건립비 4212억 원, 운영 준비비 628억 원)이 투입된 거대 프로젝트의 결과물이다.

대지 면적은 62,692m²로 축구장 3배 규모이고, 연면적 86,574m²에 지하 3층, 지상 4층의 규모이다. 알림터(4953.48m²), 배움터(7928.49m²), 살림터(8206.08m²), 동대문역사문화공원(4110.60m²), 디자인장터 등 5개 시설로 나뉘며, 각 시설은 국제회의장, 디자인전시장, 박물관 등 15개의 공간으로 구성되었다. 물결치는 곡선과 비대칭과 열린 구조로 이루어진 DDP는 세계 최대의 비정형 건축물이라는 평가를 받고 있다.

DDP는 초기 터파기 공정부터 인테리어, 설비, 조경 부분까지 전 공정에서 'BIM(Building Information Modeling)' 기법을 활용하였다. 이 기법은 외장 패널을 제작하는 과정에서 오차 발생을 최소화하는 기법이다. 외관은 직선과 직각이 아닌 곡선과 곡면, 사선과 사면, 예각과 둔각 그리고 비대칭과 비정형의 건축미를 보인다. 외관은 크기와 곡률, 디자인마저 각기 다른 알루미늄 패널 45,133장(14,000여 장의 평판과 31,000여 장의 곡면판)을

물결치는 곡선과 비대칭과 열린 구조로 이루어진 DDP는 세계 최대의 비정형 건축물이라는 평가를 받고 있다.

사용하여 처음 시도되는 특수 공법과 첨단 설비의 만남으로 웅장함을 더하였다.

물결치듯 이어지는 곡선과 기둥이 보이지 않는 실내 구현에서는 교량

건축가 자하 하디드

건축가 자하 하디드(Zaha Hadid)가 설계한 동대문디자인플라자&파크(DDP)는 원래 있던 풍경처럼 다투지 않고 물이 흘러가듯 이어져 간다. 이곳과 저곳이 따로 나누어지지 않고 지붕이 벽이 되고 벽이 지붕이 된다. 동대문디자인플라자&파크 홈페이지에서는 열린 공간들이 서로 주고받으며 이어져 동선을 따라 오고가며 상생하는 '환유의 풍경'을 담은 것이라고 설명하고 있다.

자하 하디드(출처: architonic)

현 시대 최고의 여성 건축가로 알려진 자하 하디드는 건축계의 아카데미상, 노벨상으로 통하는 '프리츠커 건축상(Pritzker Architecture Prize)'을 여성 최초로 수상하였다.

1950년 이라크 바그다드의 유복한 집안에서 태어나 개방적인 부모님의 지원하에 스위스, 영국, 레바논 등에서 다양한 교육을 받고 자란 자하 하디드는 레바논의 수도 베이루트의 베이루트아메리칸대학교에서 수학을 전공했다. 수학을 전공했던 그녀는 런던으로 건너가 런던의 명문 건축협회 학교 'AA스쿨'에서 건축을 공부하였다. 스승의 건축 사무소에서 일하던 그녀는 1980년 건축 사무소를 직접 운영하면서 이름을 알리기 시작하였다. 아일랜드 수상 관저, 파리 빌레트 공원, 홍콩 피크 단지 공모전을 통해 명성을 얻었고, 하버드 디자인 대학원과 예일대학교에서 학생들을 가르쳤다. 그녀의 건축물은 1920년대 러시아 아방가르드 건축가들의 영향을 받아 독창적이면서도 실험적인 디자인을 보인다. 하지만 지나치게 건축의 관습을 초월하였다는 이유로 한동안 '건축물 없는 건축가'로도 불렸다. 그녀의 건축은 모가 난 모서리를 유연한 형식으로 바꾸어 벽과 바닥, 천정이 서로 연결되어 유기적인 구조를 보이는 것이 특징이다.

건축가이자 디자이너인 그녀는 세계적인 크리스털 회사인 스와로브스키의 장신구와 명품 브랜드 루이비통의 가방을 비롯하여 라코스테 부츠, 알레시 커피세트, 듀퐁시 미래형 주방 등을 직접 디자인하였다. 자하 하디드가 건축가로서 명성을 얻게 된 것은 독일 비트라 소방서 건물(1993년)을 설계하면서부터이다. 기존에는 실험적인 설계 아이디어로 국제 공모전에서 수상했지만 실제 설계를 해 보지 못했기 때문이다. 이후 독일 BMW 중앙빌딩(2005년)과 영국 스코틀랜드 글래스고 교통박물관(2009년), 이탈리아 로마 MAXXI(2010) 그리고 중국 베이징의 대형 쇼핑몰 갤럭시 소호(2012년) 등의 설계를 맡게 되면서 건축 국제 무대에서 최고의 권위에 오르게 되었다.

과 같은 큰 구조물에 들어가는 메가트러스를 사용하여 디자인 박물관의 다섯 개 기둥을 제외하고는 기둥이 전혀 없다. 또한 스페이스 프레임(Space frame)을 적용하여 장스팬과 곡면을 구현하였다. 각각의 공간은 부드러운 곡면의 하얀색의 벽체로 만들어졌다. 마감재는 천연석고보드와 GRG보드 (Glassfiber Reinforced Gymsum Board), 코튼흡음재, 인조대리석 등 유

DDP 외곽에 두 개의 조명탑은 과거 이곳이 동대문야구장이었음을 말해 준다.

크기와 디자인이 각기 다른 알루미늄 패널 45,133장이 그 웅장함을 더한다.

동대문디자인플라자&파크의 건축 스토리

1. 3차원 첨단설계기법 BIM 도입

비정형 설계를 실제의 건축물로 구현하는 것은 기존의 2차원 도면 설계 방식으로는 시공뿐만 아니라 검토도 불가능하였다. 하지만 서울시, 서울디자인재단, 삼성물산은 한국의 순수 기술을 활용해 전체 공사를 3차원 입체 설계 방식인 BIM(Building Information Modeling)을 도입하여 완성시켰다. 최근의 경향은 일반적인 건축물에서도 사전 검토를 위해서 BIM 기법을 적용하기는 하지만 건축물 외벽과 같은 일부분에 대해서만 적용한 것이 대부분이다. 그러나 동대문디자인플라자&파크(DDP)는 초기 터파기 공정부터 건축구조, 건축인테리어 마감 그리고 MEP(Mechanical Electrical Plumbing: 기계전기배관), 조경 부분까지 전 공정에서 BIM을 적용한 실질적인 최초의 사례라고 볼 수 있다. BIM을 통해 제각기 다른 외장 패널을 제작하는 과정에서 한 치의 오차도 없이 자동화 제작을 할 수 있었으며, 시공에 있어서도 다시 고칠 필요 없이 한번에 부착이 가능했다.

2. 메가트러스(Mega-Truss) 공법

물결치듯 이어지는 곡선과 더불어 기둥이 보이지 않는 실내를 구현하기 위해서는 메가트러스와 스페이스 프레임(Space Frame)이 적용되었다. 스페이스 프레임으로 장스팬과 곡면을 구현하면서 캔틸레버(Cantilever) 방식의 스페이스 프레임을 지지하기 위해 일반 건축물이 아닌 교량 등의 큰 구조물에 들어가는 메가트러스를 사용한 것이다. 이러한 기술적 기반으로 건축물 내부에 기둥 없이도 대형 공간들을 만들 수 있었다.

3. 한 장도 같은 것이 없는 45,133장의 알루미늄 패널

DDP와 일반 건축물의 가장 큰 차이점은 세계 최대 규모의 비정형 외장 패널이다. 외관의 대부분을 차지하고 있는 45,133장의 외장 패널은 규격 및 곡률, 크기가 전부 달라 기존 생산 방식 및 시공 방법으로는 디자인 구현, 품질 확보, 공기 준수가 불가하고 국내외에 벤치마킹할 수 있는 사례조차 없었다. 외장 패널 공사를 정해진 비용과 공기 내에 성공적으로 구현하기 위해 삼성물산은 선박, 항공기, 자동차 등 모든 금속 성형 분야의 기술들을 총망라하여 세계 최초로 2차 곡면 성형 및 절단 장비를 제작하였다.

4. 노출콘크리트 공사

독특한 분위기를 연출하기 위해 DDP는 건물 안팎에 다양한 모양의 비정형 노출콘크리트를 도입했다. 노출콘크리트는 거푸집을 떼어낸 콘크리트 표면에 별도의 마감을 하지 않고 콘크리트 구조체를 그대로 노출하는 마감이기 때문에 거푸집 제작 및 콘크리트 타설 시 정밀한 작업과 품질 관리가 요구된다. 게다가 DDP의 노출콘크리트는 자유 곡선으로 이루어진 비정형으로써 고난이도의 작업이었다. 3차원 비정형 노출콘크리트를 구현하기 위해 BIM을 활용하고 비정형 구조체의 단면을 30cm 간격으로 추출해 거푸집을 제작하는 Rib 합판 거푸집 공법을 적용하였다. 그리고 비정형 내부 기둥 거푸집 제작에는 외장 패널 성형 장비를 이용하여 스테인리스 스틸과 알루미늄을 적용해 매끈한 비정형 노출콘크리트를 구현했다.

5. 3차원 비정형 곡면 구현 내부 마감 공사

DDP 내부 마감 모습도 외장 패널과 같이 모든 면이 각기 다른 곡률과 형태로 설계된 3차원 비정형 형태로, 곡면 구현이 가능하고 내화성이 있는 우수한 친환경 마감 자재인 천연석고보드, GRG보드(Glassfiber Reinforced Gypsum Board), 코튼흡음재, 인조 대리석 등으로 시공하였다.

(출처: 동대문디자인플라자&파크 홈페이지, http://www.ddp.or.kr/main)

해 성분이 없는 천연 마감재를 사용하였다. 공간과 공간을 잇는 동선도 부드럽게 처리되어 있고 500m 정도의 복도는 빙빙 돌고 도는 올레길로 조성하여 방문객이 자연스럽게 오르내리도록 하였다.

DDP, 디자이너와 기업이 만나는 공간

DDP의 주요 체험 명소는 디자이너의 제품을 전시하고 판매하는 살림터(디자인랩, Design Lab)다. 살림터 주변에 자리 잡고 있는 두타, 밀리오레, 헬로 apM 등 패션 쇼핑몰과 어우러져 한국의 최첨단 디자인을 보여 주는 공간이다. 살림터는 크게 1층에 자리 잡은 살림 1관, 2층에 자리 잡은 살림 2관, 디자인 나눔관으로 구성되어 있다. 1층은 대중적인 디자인 브랜드를 '책+가+도'의 콘셉트로 구성하였으며, 2층은 마니아층을 유입하여 전문성과 커뮤니티를 확보하였다. 살림 1·2관은 9.4m의 높은 층고와 공간 안의 조형계단과 숲속에 들어온 그린정원으로 구성되어 있다.

살림터 입구에서 보면 한글 이름은 살림터인데 영어 이름은 DESIGN LAB이다. 아직까지 디자인장터에 디자인 제품이 별로 없어 이곳에 들어가는 사람들에게서 기대감을 찾아보기 힘들다. 그러나 살림 1관으로 들어가는 순간 방문객들의 눈빛은 달라진다. 다채로운 디자인과 화려한 조명에 금세 매료되고 만다. 첫 시작은 DDP의 기념품을 판매하는 곳인데 해외 유명 박물관이나 미술관에서 파는 기념품 못지않다. Live Design Library라는 이름으로 모든 공간은 책(Book), 콘셉트(Concept), 디자인(Design)을 주제로 구성하였으며, 디자인 정보발신지, 디자이너 프로모션, 지역인프라 협력, 디자인 강소기업 연계, 디자인 사업을 융합할 수 있는 콘텐츠로 구

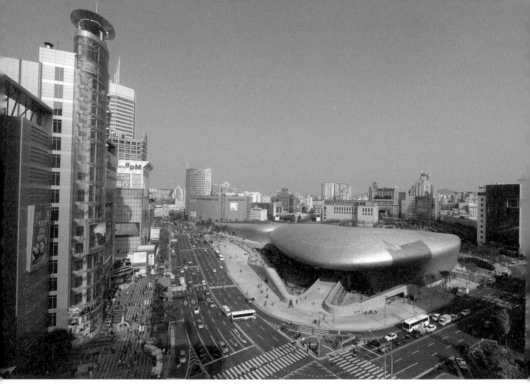

DDP의 살림터는 디자이너의 제품을 전시하고 판매한다.

성하였다. 디자이너 유진형이 디자인한 책장이 살림터의 길을 만들어 내었다. 디자인과 인문학 등 다양한 분야의 책이 꽂혀 있는데 진열되어 있는 형태도 하나의 디자인 작품처럼 보인다. '책 속에 길이 있다'는 의미로 책가도(冊街道)라고 부른다.

비코즈를 시작으로 해서, 요즘 젊은이들의 취향을 담아낸 Sticky Monster Lab, 지역의 아이디어 상품을 담아낸 대구경북디자인센터, 빅인사이트랩, ALIFE 디자인 등으로 이어진다. 살림터 곳곳에 카페가 자리 잡고 있어 차 한잔의 여유를 즐기며 쉬어 갈 수 있다. 카페도 저마다 DDP와 맞춘 듯 세련된 면모를 갖추고 있다. 랩의 형태로 만들어진 디자인숍을 지나면 디자인갤러리박스(DESIGN GALLERY-BOX) 섹션으로 이어진다.

지리교사의 서울 도시 산책

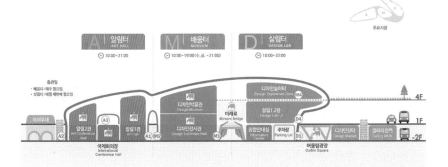

DDP 주요 시설 단면도(출처: 동대문디자인플라자&파크 홈페이지, http://www.ddp.or.kr/main)

그리고 생활용품 셀렉트숍인 1300k 부스에는 젊은 쇼핑객들로 가득 차 있다. 텐바이텐(10×10)에 감각적인 부분이 좀 밀린다는 평가를 받기도 했지만 아직까지 그 인기는 여전한 듯싶다. 어린이 디자인랩, 아이카페, 아이플레이(i-play) 등 어린이들을 위한 공간도 마련되어 있다. 살림터 2층도 전시, 숍, 스튜디오가 이어진다. 아모레퍼시픽 브랜드인 한율을 비롯하여 전통흑백사진관 계동 본점, SM엔터테인먼트의 상품 브랜드 스타디움, 무형문화재와 신진 공예가의 작품을 만나 볼 수 있는 아트&크래프트 등의 숍이 있다.

살림터를 한 바퀴 돌면 방송이나 잡지에서만 봤던 제품들을 한눈에 볼 수 있어 푹 빠져들 수밖에 없다. 살림터는 대한민국 디자인의 산실로 재능 있는 신진 디자이너를 위한 디자인 프로모션도 계획하고 있다. 디자인 제품을 판매하는 곳이기는 하지만 디자인의 박물관이자 지식을 공유하는 도서관인 셈이다. 최신의 국내외 디자인 제품들을 볼 수 있는 DDP 살림터는 대한민국 디자이너의 요람으로 성장할 것으로 기대된다.

대기업을 위한 운영과 문화유적을 무시한 건축, DDP 논쟁

국내외 주요 디자인숍들이 속속 입점하고 있는 DDP, 지나치게 유니크한 편집숍들 때문인지 전체적인 분위기가 어우러지지 못하고 산만하다는 평가를 받고 있다. 게다가 지금 DDP는 웃을 수만은 없는 형편이다. 정부와 지자체의 전폭적인 지원으로 임대율이 90%를 웃돌고 있다는 소식은 언론 효과로 인해 번듯해 보이지만 실상은 그렇지 못하기 때문이다.

먼저 다양한 대형 전시회가 진행되는 알림터에서는 전시 대관료가 m²당 약 6400원으로, 코엑스와 킨텍스가 1900~2200원 선이라는 걸 감안하면 엄청난 비용이다. 월로 환산한다면 월 2억 원 정도를 더 지불해야 하는 수준이다. 여기에만 그치지 않는다. DDP의 운영 기관인 서울디자인재단은 100% 임대 계약 중인데 점포 비용이 주변 상가에 비해 월등히 높은 관계로 입점이 더딘 상태다. 임대료 수준이 디자인장터를 기준으로 26개가 입주한 상태에서 약 66m²(20평) 점포를 기준으로 보증금 3억 원에 월 2500만 원(2014년 기준) 수준이다. 주변 시세보다 훨씬 비싼 값이지만 패션몰에 비해 수익은 더 떨어진다. 이곳에 입주한 대기업과의 차별적인 대우 또한 문제가 있다. 공개경쟁입찰을 통해 GS리테일에 디자인장터 운영을 위탁했다. 그 규모는 알림터의 두 배에 달하는 8010m²(약 2427평)이다. 그런데 위탁 운영비는 연간 46억 원에 불과하다. 디자이너들의 작품을 전시하고 판매하는 살림터의 경우도 마찬가지다. 4277m²(1296평)의 면적을 위탁 운영하면서 DDP가 챙기는 수익은 연 15억 원에 불과하다. 결국 국민의 혈세로 지어진 공간에서 대기업이 중간에 끼어 중간 마진을 챙겨가는 셈이다.

다수의 도시 건축 전문가들은 DDP를 역사성과 주변 경관을 전혀 고려하

독일의 필기구 브랜드 라미가 숍인숍(Shop in Shop) 형태로 입점한 라이프스타일&디자인숍인 서하우스(SUUH HAUS)

지 않은 건축물이라고 비판하기도 한다. '세계적인'이라는 대목에만 치우쳐 '세계적인 건축가', '세계 최초의 공법' 등에만 신경 썼다는 평가이다. 동대문과 함께한 조선의 역사, 동대문운동장이었던 시절의 추억을 제대로 살리지 못했기에 5000억 원에 달하는 건설비와 앞으로도 한해 약 300억 원씩의 운영비가 들어가야 하는 이 건축물에 대해서 시민들의 반감도 꽤나 크다. 물론 비판적인 입장에서 조금은 벗어나 DDP에 우리 역사를 담은 콘텐츠를 함께 채워 과거와 현재, 미래가 함께 공존하는 방향을 제안하기도 한다. 서울시에서 그 누구보다 DDP의 성공을 염원하고 있는 시민들의 비판이나 제안을 심도 있게 받아들여 그 대안을 제시해야 한다.

DDP와 동대문 패션 쇼핑몰의 야경

유구 역사유적지 앞에 세워져 역사와 주변 경관을 고려하지 않은 건축물이라는 평가도 받고 있다.

지리교사의 서울 도시 산책

DDP에서 제공하는 체험 활동 프로그램

• 해설 신청 투어 프로그램 안내

일정(상황에 따라 변경될 수 있음)	종합안내실 → 어울림광장(유구전시장) → 동굴계단 → 알림터 → 이간수문 → 팔거리 → 잔디언덕 → 잔디사랑방 → 디자인놀이터 → 조형계단 → 디자인박물관 → 미래로 → 살림터 → 디자인둘레길 → 디자인전시관 → 끝
소요 시간	약 40~50분
이용료	무료
만남 장소	종합안내실
안내 언어	한국어
운영 시간	화요일~일요일, 11~17시 (월요일 휴무)
신청	http://www.ddp.or.kr

• 개별 탐험 프로그램 안내

1. DDP탐험: 건축, 역사, 창조적 장소 등 DDP의 모든 것을 한 번에 경험할 수 있는 코스
   DDP종합안내실 → 어울림광장(유구전시장) → 동굴계단 → A1 알림터 → 이간수문 → 동대문 운동장 기념관 → 동대문역사관1398 → 8거리 → D3 살림터 → 미래로(캔틸레버) → M3 조형계단 → 디자인둘레길 →디자인전시관

2. 디자인탐험: DDP의 디자인을 놓치고 싶지 않은 방문객을 위한 코스
   DDP종합안내실 → D1 살림터(E/V) → 디자인놀이터 → 잔디언덕 → 조형계단 → 디자인둘레길 → 둘레길 쉼터 → 디자인둘레길(가구 컬렉션) → D2 살림터(Design Lab)

3. 동대문 역사탐험: 동대문 지역의 역사 이야기 코스
   DDP종합안내실 → 어울림광장(유구전시장) → A2 알림관 → 이간수문 → 한양성곽 치성 → 동대문운동장 기념관 → 동대문역사관1398 → 8거리(성화봉, 조명탑)

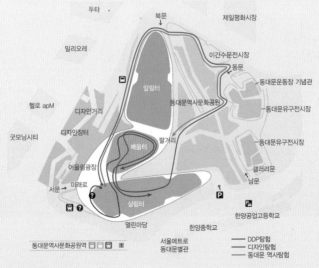

DDP 탐험 안내지도

(출처: 동대문디자인플라자&파크, http://www.ddp.or.kr/main)

–
동대문 시장의 산증인,
평화시장
–

평화시장, 청계천 헌책방 거리

장충단로 왼쪽에 위치한 동대문 패션거리를 따라 밀리오레, 두타 등
을 지나 청계천6가 사거리 오간수교 앞에 선다. 청계천 양편으로 세월
의 흔적을 고스란히 담은 듯한 누런빛의 낯선 건물을 보면 시간을 거슬러

3층 정도의 건물이 약 500m 정도 이어져 있는 동대문 시장의 산증인인 평화시장

1970~1980년대 서울의 골목에 방문한 듯하다. 사거리에서 왼편으로 이어진 청계천로를 따라서 3층 규모의 건물이 500m 정도 길게 이어진 평화시장이 자리 잡고 있다. 청계천 넘어 그 건너편으로는 동대문 종합시장이 자리 잡고 있다. 평화시장과 동대문 종합시장, 쌍둥이처럼 헷갈릴 정도로 그 외형이 닮았다. 2차선밖에 되지 않는 도로는 승용차를 비롯하여 화물을 가득 실은 용달차, 그리고 좁은 차 틈을 무섭게 활보하는 오토바이로 꽉 찬다.

항상 교통사고의 위험이 있어 조심스레 주위를 둘러보며 걸어야 하는 동네다. 청계천 옆으로 조성된 산책로를 따라 이동해도 되지만 시장 거리의 묘미는 이만한 곳이 없다. 5분 정도 걷다 보면 생뚱맞게 'OO서점' 간판을 단 상점들이 이어져 있다. 의류시장 한가운데 중고서점들이 자리 잡고 있는 풍경이 흥미롭다. 바로 이곳이 1959년부터 이어져 오고 있는 청계천 헌책방 거리다. 1970~1980년대 책사랑, 민중서림, 대원서점 등 시대를 풍미하던 책방들이 몰려 있는 곳이다. 한때 150개에 달하던 상점들은 현재 20여 개 정도로 줄었다. 의류 상가의 한편을 차지하고 있는 헌책방은 이제 방문객들의 호기심을 채워 주는 이색적인 풍경이 되었다. 7080세대들은 이곳에서 과거에 대한 향수, 젊은이들은 드라마 속에서나 볼 수 있었던 부모 세대들의 옛 정취를 직접 체험해 볼 수 있다. 낡고 허름해진 셰익스피어와 세르반테스의 고전들을 비롯해 1980년대 출간되었던 잡지들이 거리에 진열되어 자연스레 거리 전시회가 열린 듯하다. 방문객들이 꽤나 많은데도 책을 사기 위해 헌책방을 찾는 손님들은 좀체로 보이지 않는다. 세간에 헌책방 거리가 알려진 덕에 거리를 거니는 구경꾼들만 많아졌을 뿐이다. 거리를 보러 온 방문객 중 책을 보러 온 방문객은 얼마나 될까. 헌책방 거리가 유지되려면 헌책방 자체의 활성화가 먼저 진행되어야 할 것이다. 이를 위

청계천 헌책방 거리. 1970~1980년대 책사랑, 민중서림, 대원서점 등 시대를 풍미하던 책방들이 몰려 있는 곳이다.

한 시도가 곳곳에서 진행되고 있기는 하다. 서울도서관은 '청계천 헌책방 거리 책 축제'를 열어 판매를 도왔고, 서점들은 인터넷 도서 판매도 시작했다. 또한 이곳의 책 중 일부는 대학생들이 프로젝트 형식으로 시작한 '설렘 자판기'를 통해서 누군가에게 설렘의 대상이 되고 있다.

모자, 마크, 타월, 가운 등의 상가 열전

청계천 헌책방 거리를 지나면 다시 의류 상가 거리가 이어진다. 그 규모만큼이나 다양한 거리 풍경이 연출된다. 대도모자, 엠에스모자, 한일모자 등 조금은 촌스러워 보이는 상호명이 정겹다. 예스러운 상호를 달고는 있지만 중절모와 등산모뿐만 아니라 힙합풍 스냅백, 캠프캡, 비니, 플로피해트 등 요즘 유행하는 모자들까지, 시중에서 볼 수 있는 모든 형태의 모자들을 갖추고 있는 전문 매장이다. 그 앞으로는 송월타올, 그랜드상사 단체복, 남영스포츠, 승리운동구로 이어진다. 다양한 스포츠 관련 용품을 한번에 구입할 수 있는 스포츠 전문매장이다. 시장 골목의 세월과 함께 음식을 배달해 온 아주머니들의 모습도 정겹다. 머리 위에 겹겹이 쌓인 쟁반 층 사이로 무거운 그릇들이 머리를 눌러 대는데도 불구하고 한 손으로 이를 받친채 빠른 걸음을 재촉한다. 점점 멀어져 가는 그 뒷모습이 안쓰러워 보이지만 한편으로는 삶에 대한 강인한 의지가 엿보인다. 지나간 세월 속에 숙련된 배달 장인의 면모를 느끼게 된다.

드디어 평화시장의 중심이라 할 수 있는 버들다리 앞 정문이다. '패션 원조 평화시장'이라는 빨간색 간판 옆으로 제법 쇼핑몰다운 외관을 자랑한다. 흡사 대학로 공연장에 와 있는 듯한 분위기다. 기존에 있던 상점부터 카페,

▲짐을 실은 용달차와 오토바이로 가득 찬 거리 풍경
■중절모, 등산모, 스냅백, 캠프캡, 비니, 플로피햇 등
갖가지 형태의 모자와 포장을 하거나 묶을 때 사용
하는 온갖 끈들이 진열되어 있다.
◀평화시장 노동자의 식사를 책임지는 음식 배달 아
주머니, 머리 위에 겹겹이 음식 그릇을 담은 선반을
쌓고 한 손으로 이를 받친 채 빠른 걸음을 재촉한다.

아이스크림 가게 등 새로 들어온 상점들까지 한데 어우러져 시장에 활기를 불어넣고 있다.

청계천 판자촌에서 평화시장으로

앞에서 언급했던 것처럼 동대문 시장의 첫 시작은 1905년 광장시장의 성립 이후부터다. 그 이전 동대문 시장이라고 함은 종로4가 일대 배오개시장을 지칭하는 것이었다. 두산그룹의 설립자 박승직, 그 이전 그는 배오개의 거상으로 종로와 동대문 일대의 상인들을 모아 국내 최초의 주식회사인 광장주식회사를 설립하였다. 1930년대 국내 면직물 생산과 소비가 함께 늘고, 일본산 면직물에 대한 수요도 늘어나면서 면직물 판매의 중심지가 되었다. 시장의 수요가 넘쳐나면서 야시장까지 열렸을 정도였다.

현재 동대문 시장을 대표하는 평화시장의 시작은 6·25전쟁 이후부터다. 전쟁 이후 청계천 변을 따라서 공장과 점포 겸용의 무허가 판잣집이 다닥다닥 들어섰고 이곳에 자연스럽게 시장이 형성되었다. 평화시장은 그 이름에서 알 수 있듯이 상인 60% 정도가 실향민으로 전쟁의 상처를 달래기 위해 붙여진 것이다. 판잣집 지하에서 미 군복을 염색하고 탈색하거나 제봉틀 한두 대로 옷을 만들어 1층 점포에서 이를 판매하였다. 1959년 큰 화재를 겪으면서 1962년 새롭게 들어선 상가가 바로 평화시장이다.

대지 면적은 8078.6m²이고, 건물 연면적은 24,704.66m², 지상 3층에 2000여 개의 점포가 자리 잡고 있던, 당시 우리나라에서 가장 큰 최신식의 시장이었다. 판매는 주로 1층에서 이루어지고, 2층과 3층은 재봉틀을 들여 놓은 봉제 공장들로 가득 찼다. 1970년에는 원단과 부자재 상가인 동대

실향민으로 전쟁의 상처를 달래기 위해 이름 붙여진 평화시장. 1962년 청계천 변에 그 문을 열었다.

문종합시장이 문을 열어 동대문 지역은 원스톱의 생산과 판매 시스템이 구축되었다. 1990년대에 아트프라자와 디자이너클럽(1994년), 우노꼬레·팀204·거평프레야(1996년) 등이 들어서면서 국내 최대의 도매시장으로 성장하였고, 밀리오레 이후 소매시장에서도 최대 규모로 성장하게 되었다.

동대문 시장은 반경 5km 이내에 디자인부터 생산, 유통까지 패션 관련 모든 기반시설을 갖추고 있다. 평화시장과 같은 전통시장을 비롯하여 밀리오레, 두타와 같은 현대식 쇼핑몰이 공존하는 국내 최대 규모의 패션타운이다. 동대문 패션타운에는 디자인, 원단 및 부자재, 재단과 봉재, 운반, 시장, 소비 등 6개의 테마가 공존한다. 평화시장이 명성을 얻으면서, 평화시장 인근에 평화시장과 같은 이름을 쓰는 시장들이 줄줄이 들어섰다. 신평화시장부터 시작해서, 청평화시장, 동평화시장, 남평화시장까지, 사람들은 그 원조가 어디에서 시작된 것인지 잘 모르지만 그 모태는 이곳 평화시장이다.

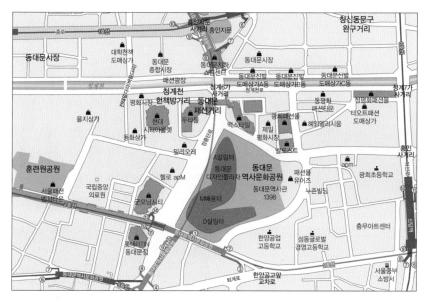

청계천을 따라 그 남쪽으로는 평화시장, 신평화패션타운, 동평화패션타운, 청평화패션몰이, 북쪽으로는 동대문
종합시장, 동대문신발도매상가가 자리 잡고 있다.

아름다운 청년, 전태일을 만나다

　평화시장 입구 앞 버들다리, 좁은 도로를 따라 용달차며, 오토바이며, 너

나 할 것 없이 분주하게 움직인다. 차들이 밀려 있다 보니 움직이기 어려울

정도이다. 그 좁은 틈을 비집고 짐을 실은 수십여 대의 오토바이가 빠져나

간다. 다리 위 인도는 아예 자전거와 오토바이에게 자리를 빼앗긴 지 오래,

일렬로 세워져 지나갈 틈이 없다. 사람들은 인도로 이동하지 못하고 도로

위 차들과 엉켜 있어야만 한다. 10m도 되지 않는 다리지만 복잡함에 왠지

짜증이 난다. 하지만 이러한 풍경이 동대문 시장에서만 느낄 수 있는 매력

이 아닐까? 활기가 넘치는 거리 풍경 속에 조금씩 빠져들고 만다. 다리 가

동대문 패션거리.. 창조적 디자인의 발상지

청계천로 아래로 이어진 신평화시장, 동평화타운, 청평화패션몰

'패션 원조 평화시장'이라는 빨간색 간판 옆으로 제법 쇼핑몰다운 외관을 자랑하지만 공연장처럼 보이기도 한다. 뒤로 보이는 스카이라인은 1960년대의 풍경과 지금의 풍경이 함께 공존하는 듯하다.

운데쯤 왔을 때 학생으로 보이는 인물의 흉상과 네모난 조각 작품이 보여 가까이 다가가 본다.

사실, 버들다리는 청계천의 많은 다리 중에 우리 현대사의 아픔을 고스란히 담고 있는 다리다. 이 다리의 또 다른 이름 '전태일 다리'라는 이름 때문일 것이다. 전태일은 1970년대 우리나라의 열악한 노동 환경을 개선하기 위해 온몸을 불살랐던 인물이다. 2004년 시민 공모를 통해 열사로 칭송받는 전태일을 기념하기 위해 전태일 다리라는 또 다른 이름을 병기하게 된 것이다.

1970년 11월 서울 동대문 평화시장에서 500여 명의 노동자들이 시위를 할 때 피복 공장재단사로 일했던 청년 전태일은 근로기준법에 관한 책을 손에 쥔 채 "우리는 기계가 아니다", "근로기준법을 준수하라", "내 죽음을

지리교사의 서울 도시 산책

헛되이 말라"며 분신자살을 했다. 어린 나이에 서울로 올라와 동대문 시장에서 피복점 보조로 14시간씩 일하며 벌었던 하루 일당은 50원이었고, 그 50원은 당시 차 한 잔 값에 불과한 것이었다. 없는 형편에 직접 책까지 구입해 가며 근로기준법을 공부했던 전태일은 1969년 재단사들을 중심으로 노동운동 조직인 바보회를 창립하였고, 이를 발전시켜 삼동친목회를 결성한 후 노동 환경 개선을 위해 앞장섰다. 하지만 노력은 매번 헛수고로 돌아가고 당시 스물두 살에 불과했던 청년이 죽고 난 후에야 열악한 노동 환경에 대한 실체가 우리 사회에 큰 파장을 불러일으켰다. 서울대 학생들은 단식 농성을 벌였고, 고려대와 연세대 등 다른 대학들도 시위에 동참했다. 천주교와 개신교에서 전태일을 추모하는 행사를 열었고, 정치에도 큰 영향을 미쳐 당시 야당인 신민당의 대통령 후보였던 김대중은 그의 정신을 대선

버들다리는 청계천의 많은 다리 중 우리 현대사의 아픔을 고스란히 담고 있는 다리다.

노동 환경을 개선하기 위해 분신자살을 택한 전태일의 마지막 말은 근로기준법을 준수해 달라는 것이었다.

전태일 기념 동상, 청년 전태일의 정신을 기리기 위해 버들다리 위에 그의 흉상이 만들어졌다.

공약으로 내세우기도 했다. 이 다리에는 인간다운 노동자의 삶을 바라고 바랐던 전태일의 정신과 염원이 지금도 남아 21세기를 살고 있는 우리들에게 큰 감동을 선사하고 있다.

작지만 없는 게 없는 시장, 을지상가

'작지만 없는 게 없는 곳', '여기가 없으면 평화시장도 없다.'라고 불리우는 곳이 바로 을지상가다. 지퍼, 단추, 라벨, 꽃수, 구슬, 마케팅, 전사, 행거 등 잡다한 의류 부자재가 모두 모여 있다. 상가 입구에서 휘날리고 있는 만국기 때문에 도매시장이나 소매시장처럼 보이지만 안쪽으로 들어가면 하나의 큰 상가 건물이다. 그래서일까? 을지시장이 아닌 을지상가로 이름 지은 연유도 이에 있는 듯하다.

상가 건물 안으로 들어가면 어둡고 침침한 분위기에 어디선가 '드르륵 드르륵' 재봉틀 돌아가는 소리가 들린다. 열악한 환경 속에 중간중간 문을 연 상점들이 눈에 띈다. 수백여 가지 종류의 단추가 진열되어 있는 'ㅇㅇ단추'

을지상가. 상가 입구는 만국기가 휘날리며 도매시장이나 소매시장처럼 보이지만 안쪽으로 들어가면 하나의 큰 상가 건물이다.

동대문 패션거리.. 창조적 디자인의 발상지

단추와 지퍼가게

시장까지 운반을 기다리는 상품들

조금은 어둠침침한 상가 건물 안으로 들어가면 온갖 의
료 부자재를 판매하는 가게들이 자리를 잡고 있다.

수십, 수백 벌에 달하는 의류를 시장에 내놓기 위해 여
기서 마지막 작업인 다리미 작업을 하고 있다.

지리교사의 서울 도시 산책

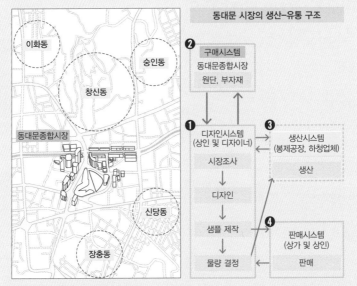

동대문 시장의 생산에서 유통 구조(출처: "대한민국 패션 1번지, 동대문", 프레시안, 2013. 9. 4. 재인용)

동대문 시장에서 눈여겨볼 만한 것이 하나 있는데 그것이 바로 도소매시장 뒤에 숨겨진 하부 구조다. 만들어진 상품을 판매하기 전, 제품 생산까지 하는 제조업 시장이다. 의류를 만드는 공장들은 동대문 시장 주변인 창신동, 숭인동, 이화동, 신당동, 장충동 일대에 분포하고 있다. 이 중 가장 큰 하부 생산 공장이자 시장은 창신동이다. 창신동에는 지금도 약 3000여 개의 봉제 공장이 남아 있다. 형태는 가내 수공업이고 세금과 보험 가입 등을 피하기 위해 사업체로 등록하지 않은 경우도 많아 정확히 통계를 내기는 어렵다. 2002년 정부에서 관광특구로 지정하였고, 이를 중심으로 지역 협의체가 만들어져 '동대문패션타운관광특구 협의회(http://www.dft.co.kr)'를 운영하고 있다. 이 협의회를 중심으로 하여 동대문 패션 클러스터 발전 방향을 매년 논의하고 있다.

라는 이름의 상점부터 온갖 종류의 지퍼들로 가득한 'ㅇㅇ작크'라는 이름의 상점들까지. 한 벌의 옷을 만드는 데 들어가는 가지각색의 재료들이 이곳에 모두 모여 있다. 제품이 완성된 후 최종 작업인 다림질 작업까지 이곳에서 마무리된다.

동대문 역사문화공원과
역사문화관
–

서울성곽길이 이어진 동대문 역사문화공원

DDP 뒤편으로는 동대문 패션거리라는 분위기의 전혀 다른 경관이 드러난다. 아래로 내려다보면 쇼핑몰의 화려한 모습은 온데간데없이 사라지고 옛성곽 길로 이어진다. 이곳이 바로 동대문 역사문화공원이다.

DDP 후면에 만들어진 역사문화공원, 동대문 땅 속에 우리 선조들의 삶의 현장이 고스란히 숨겨져 있다.

맥스타일에서 10m 정도 거리에 노출콘크리트 공법을 이용해 만든 작은 전시장 하나가 자리 잡고 있다. 벽면에는 콘크리트를 파서 '동대문역사문화공원'이라고 이름을 새겨 놓았다. 건축 작품들이 전시되어 있는데 자세히 보니 '대한민국 건축문화제'라는 행사가 열리는 장소다. 전시 공간에는 우리나라에 건축된 다양한 건축 작품들이 모형으로 전시되어 있다. 현대식 디자인으로 새로운 옷을 입은 한옥 건축 작품이 시선을 사로잡는다. 매해 다양한 주제로 펼쳐지는 건축문화제는 이제 서울을 대표하는 하나의 축제로 자리매김하였다.

복원한 서울 한양도성성곽을 따라 만들어진 동대문 역사문화공원

DDP가 문을 열면서 동대문 역사문화공원도 함께 개장되었다. 공원 안에는 서울 한양도성성곽과 이간수문(265m, 8030m²) 외에도 동대문 역사문화관(1313m²), 동대문유구전시장(4460m²), 동대문운동장기념관(339m²) 등이 들어섰다. 동대문 역사문화공원은 2008년 DDP 건설 현장에서 청계천 물길이 성곽 밑으로 흘러가도록 만든 이간수문(二間水門)이 드러나면서 역사문화공원 조성 작업이 시작되었다. 당시 조사에서는 총 123m에 이르는 한양도성성곽과 하도감(훈련도감의 부속기관) 터 유적과 조선 전기~후기 건물지 유구 44기, 조선백자, 분청사기 등 조선 전기~일제 강점기의 도자류 등 주요 유물 1000여 점이 발굴되었다. 이 유적은 일제 강점기 이곳에 경성운동장을 건설하는 과정에서 땅속에 파묻힌 것으로 추정되고 있다. DDP의 디자인을 수정하기는 했지만 성곽 안쪽에 있던 하도감을 밖으로 이전하였고, 유적들도 다른 곳으로 옮기고 터는 덮어 버렸다.

동대문역사문화공원 전시장 입구

　이곳은 흥인지문과 광화문 사이의 도성에서 가장 낮은 지역이다. 따라서 도성 내에 흘러내리는 물을 도성 바깥으로 내보내기 위해 성벽 밑으로 물을 통과시킬 수 있도록 오간수문과 이간수문을 만들었다. 이곳에서 발견된 것은 한양도성성곽 265m 구간 중에 이간수문과 치성(雉城)이 포함된 142m 구간이다. 성곽이 없어져 버린 곳은 지적도를 통해 추정한 성곽의 선을 근거로 복원되었다. 수문의 내·외축에는 하천을 따라 흐르는 물을 유도하기 위한 날개 형태의 석축시설이 있으며, 남문과 북문에는 물 가름을 용이하게 하도록 뱃머리 모양의 성축 시설을 하였다. 정비 복원 공사에서는 없어진 이맛돌과 부형무사석 등을 보충하였고, 성 안쪽으로 들어오는 적을 막기 위해 설치된 설목(목책)을 복원하였다.

　작은 공간이지만 유적지를 서울성곽이 둘러싸고 있다. 이 성곽은 조선을 건국한 태조가 한양으로 수도를 옮긴 후 궁궐과 종묘를 지은 후 방어

　　　　　　　　　　　　　　　지리교사의 서울 도시 산책

동대문역사문화공원. 공원 안에는 서울성곽과 이간수문 외에도 동대문역사관, 동대문유구전시장, 동대문운동장기념관 등이 들어섰다.

를 위해 쌓은 성곽이다. 태조 4년(1395년) 도성축조도감을 설치하고 태조 5(1396년)년 흙과 돌로 축성하였다. 서울성곽은 둘레가 약 18km로 북악산, 인왕산, 남산, 낙산의 능선을 잇고 있다. 석성과 토성으로 쌓은 성곽에는 4대문과 4소문을 두었다. 4대문은 동쪽으로 흥인지문, 서쪽으로 돈의문, 남쪽으로 숭례문, 북쪽으로 숙정문이고, 4소문은 동북의 홍화문, 동남의 광희문, 서북의 창의문, 서남의 소덕문이다. 동대문에만 성문을 이중으로 보호하기 위한 옹성을 쌓았고, 북문인 숙정문은 원래 숙청문이었는데 이 숙청문은 비밀통로인 암문으로, 문루를 세우지 않았다. 세종 4년(1422년)에 성곽을 대대적으로 고쳐 나가기 시작하였다. 흙으로 쌓은 부분을 모두 돌로 다시 쌓고 공격·방어 시설을 늘렸다. 그리고 숙종 30년(1704년)에는 정

이간수문. 물가름돌 위로 홍예석을 쌓았고 가운데로는 이맛돌을 끼워 홍예문의 형태를 띠고 있다.

이간수문. 도성 내에 흘러내리는 물을 도성 바깥으로 내보내기 위해 성벽 밑으로 물이 통과하게 만든 문이다.

복원한 서울성곽, 한양도성성곽 265m 구간 중에 이 간수문과 치성(雉城)이 포함된 142m 구간이 발견되었다.

서울성곽, 둘레가 약 18km로 북악산, 인왕산, 남산, 낙산의 능선을 잇고 있다. 석성과 토성으로 쌓은 성곽에는 4대문과 4소문을 두었다.

사각형의 돌을 다듬어 벽면이 수직이 되게 쌓았는데 이는 조선의 축성 기술이 근대화되어 가고 있음을 보여 준다.

유구역사문화공원에서 서울성곽 일부와 더불어 집수시설과 우물지 등이 발굴되었다. 이 중 규모와 배치 상태가 양호한 건물지 6기와 집수시설 2기, 우물지 3기를 이전·복원하였고, 함께 발견된 기와와 자기류, 동·전류, 철제 유물류 등은 조선 전기와 중·후기의 생활사를 복원하는 데 기초 자료로 활용되고 있다.

서울의 4대문과 4소문. 4대문은 동쪽으로 흥인지문, 서쪽으로 돈의문, 남쪽으로 숭례문, 북쪽으로 숙정문이고, 4소문은 동북의 혜화문, 동남의 광희문, 서북의 창의문, 서남의 소의문이다.

유구역사문화전시장. 배치 상태가 양호한 건물지 6기와 집수시설 2기, 우물지 3기를 이전·복원하였다.

　　　　　　　　　　　　　　　　　　　　　지리교사의 서울 도시 산책

유적지에서 기와와 자기류, 동전류, 철제 유물류 등이 발견되어 조선 전기와 중·후기의 생활사를 복원하는 데 기초 자료로 활용되고 있다.

발굴한 유물을 전시한 동대문역사관

　　동대문역사관은 공원 공사 중에 발굴 조사된 이 지역의 매장 유물을 보존하고 전시하기 위해 조성되었다. 발굴 유물은 총 2575건 2778점에 이르며 조선 전기에서 근대까지의 다양한 문화층에서 출토되었다. 역사관 내부

동대문역사관 입구와 안내 자료

복원한 유구 유적 모형

는 초현대식으로 만들어진 건물로 역사관보다는 과학관에 들어온 듯한 느낌이 들 정도다. 멀티미디어 영상으로 하도감 터와 이간수문을 볼 수 있고, 3D 입체 영상으로 재현된 당시의 모습을 현장감 있게 체험할 수 있다.

발굴 지역의 토층이 고스란히 보관되어 있다는 점이 인상적인데, 토층을

한양 도성지도

발굴된 유적을 전시한 전시관

시대별로 구분하여 관람객들이 이를 보고 당시의 유물과 연결지어 시대상을 상상해 볼 수 있다. 그리고 전시관에는 출토된 유물을 전시하고 있다. 유구지별 유물 탐색 체험, 8면 바닥 영상, 유물 발굴 체험, 동대문역사 백과사전 등 다양한 문화 콘텐츠가 제공되는 최첨단의 역사박물관이다.

도시 산책 플러스

교통편

1) 승용차 및 관광버스

• 승용차: 훈련원공원 주차장, 롯데피트인 주차장, 두타몰 주차장, 현대시티아울렛 주차장, 굿모닝시티 주차장, 헬로 apM 주차장, 맥스타일 주차장

• 관광버스: DDP 입구 앞, 두타몰 주차장 입구, 맥스타일 정문 앞, 밀리오레 주차장 입구

2) 대중교통

• 지하철: 2호선 동대문역사문화공원역 ①번 출구(서울관광안내소 방향), ⑪번 출구(패션TV 방향), ⑫번 출구(을지로6가 우체국), ⑬번 출구(훈련원공원 방향), ⑭번 출구(헬로 apM, 굿모닝시티, 두산타워, 밀리오레 방향)

• 버스: DDP 앞-간선(105, 144, 152, 261, 301, 420, N13, N16, N30, N62), 지선(2012, 2015, 2233, 7212), 광역(9403) / 굿모팅시티 앞-간선(202, 261, 407, N30), 지선(2014) / 헬로apM 앞-간선(105, 144, 261, 301, 407, 420, N13, N16, N30, N62), 지선(2014, 2233, 7212)

플러스 명소

▲ 청계천 산책길
2003년 7월부터 2005년까지 진행된 청계천 복원사업으로 만들어진 산책로, 청계천 위로 22개의 다리가 조성되었고, 동대문 거리 옆으로는 오간수문이 복원됨.

▲ 동대문 시장
1905년 종로구 예지동에 형성된 상설시장. 배우개장이라고도 불렸다가 광장시장으로 바뀜. 현재는 종로5·6가 일대의 상가 전체를 가리킴.

▲ 훈련원공원
병사의 무술훈련 및 병서·전투대형 등의 강습을 맡았던 훈련원이 있던 곳. 조선 태조 원년에 훈련관으로 불렸다가 태종 때 이곳으로 옮겨 옴.

산책 코스

◎ 동대문역사문화공원역 ⋯ 동대문 패션거리(롯데피트인, 굿모닝시티, 헬로 apM, 밀리오레, 두타, 맥스타일 등) ⋯ 동대문디자인플라자&파크(DDP) ⋯ 평화시장 ⋯ 청계천 ⋯ 유구역사문화공원 및 역사문화관

맛집

1) 동대문 패션거리

• 도로명: 창충단로, 을지로 43번길

• 맛집: 삼오정, 해남낙지, 서라벌, 석원정, 아우르는해와달, 민정식당, 수유리우동, 신의주

2) 평화시장, 청계천 헌책방 거리
- 도로명: 청계천로, 장충단로 13길
- 맛집: 천일삼계탕·칼국수, 엔돌핀김밥, 왕십리원조곱창
3) 동대문 시장, 동대문 종합시장, 광장시장
- 도로명: 청계천로, 종로 사잇길
- 맛집: 전주옥돌정, 우슬초, 나주집, 송정식당, 시조명동닭한마리, 용일네, 봉천분식, 순희
  네빈대떡, 박가네빈대떡, 청운집, 할머니집순대, 부촌윤회, 원조마약김밥집

참고문헌

권희정, 2010, 쇼핑몰 선택속성이 소비자 방문행동에 미치는 영향에 관한 연구, 세종대학
　　교 관광대학원 석사학위논문.
권희정·김성윤·원혜영, 2011, 관광특구지역내 동대문 쇼핑몰의 방문수요 결정요인: 두
　　산타워 & 굿모닝시티를 중심으로, 호텔외식경영학회, 20(6), 209–223.
김성진, 2006, 쇼핑센터의 특성과 소비자 쇼핑 관여도가 구매의도에 미치는 영향에 관한
　　연구, 배재대학교 경영대학원 박사학위논문.
박상준, 2008, 서울 이런곳 와보셨나요? 100, 한길사.
박성찬, 2006, 청계천에서 뭘하지?, 길벗출판사.
박훈규, 2005, 박훈규 언더그라운드 여행기: 평화시장, 시드니, 런던을 지나는 내 인생의
　　디자인 이야기, 안그라픽스.
윤성복, 2012, 퍼블릭 스페이스의 입체적 구성을 통한 평화시장 활성화 전략, 대한건축학
　　회, 2012(01), 243–247.
정모, 2014, DDP(동대문디자인플라자) BIM 설계사례, 한국BIM학회 정기학술발표대회 논
　　문집.
정희선, 2009, 경관 재구조화에 의한 장소의 경제적 가치 재생에 대한 비판적 검토 –동대
　　문운동장의 사례–, 대한지리학회지, 44(2), 161–175.
조영래, 2001, 전태일평전, 돌베개.
중앙선데이 스페셜 리포트, 눈물의 미싱공장서 쇼핑·문화 허브로… 동대문 '제5의 물결',
　　2014.3.26. http://sunday.joins.com/article/view.asp?aid=33402.
프레시안 오피니언, 2013, 동대문, 세계적 패션 도시 뉴욕·밀라노처럼 되려면?,
　　2013.9.4. http://www.pressian.com/news/article/htm/?no=7233.
한국학중앙연구원, 한국민족문화대백과
한수증, 2013, 동대문시장 패션상권의 특징에 관한 연구, 서울대학교 환경대학원 석사학
　　위논문.
황진태, 2010, 지역성장연합과 스케일의 정치가 세계도시 서울의 형성과정에 미친 영향:
　　동대문디자인플라자&파크 프로젝트를 사례로, 서울대학교 석사학위논문.
동대문디자인플라자&파크 홈페이지 http://www.ddp.or.kr

이태원

서울에서 즐기는 무박 2일의 세계 여행

"80일간의 세계 일주!" 누구나 한 번쯤은 꿈꾸어 봤을 법한 일이다. 하지만 일상에 치우쳐 살다 보면 막연한 꿈으로만 받아들이고 사는 경우가 대부분이다. 휴가철이 다가오면 친구들은 해외여행을 간다고 야단법석이다. 돈도 없고 시간적 여유도 없는 지금, 카메라를 들고 집을 나서 무박 2일의 전 세계 음식 산책을 떠난다. 불가능한 일처럼 보이지만 2일 동안 세계 여행을 즐기며 각 나라의 음식을 모두 맛볼 수 있는 곳이 있다. 그곳은 바로 '세계음식문화거리', '클럽의 천국', '다문화의 중심지', '젊은 자유 공간' 등으로 불리는 이태원이다. 이태원은 세계 여러 국가의 사람들과 여러 국가의 음식 등을 모두 경험할 수 있는 문화의 별천지다. 다문화의 상징으로 알려진 만큼 다양한 체험을 함께해 볼 수 있는 체험 명소이기도 하다. 이태원과 한강진의 역사부터 시작해서 세계 음식 문화, 이슬람사원과 이슬람 문화, 로데오 패션숍, 앤틱가구와 건축물 등을 함께 볼 수 있는 이색적인 장소다.

–
떠나자, 이태원
여섯 개의 보석 거리로
–

무박 2일, 여섯 가지 보석을 만나다

서울 속 세계, 이태원으로 세계 여행을 떠나 본다. 여행의 출발지는 6호선 녹사평역에서부터 시작된다. 녹사평역에서 이태원역을 거쳐 한강진역까지 이어지는 거리다. 이 조그만 거리에 세계가 있다. 볼거리가 넘치다 보

외국인들을 쉽게 볼 수 있는 이태원 거리

니 일정을 어떻게 짜야 할지 걱정이 앞서기 마련이다. 일반적으로 이태원이라고 부르는 지역의 범위는 이태원동과 한남동의 일부를 포함한다. 이를 가로지르는 이태원로를 중심으로 크게 세계음식문화거리, 로데오거리, 꼼데가르송거리, 앤틱가구거리, 아프리카거리, 이슬람거리로 구분된다. 주차할 공간이 협소해 대중교통을 이용하는 것이 좋으며, 세 역을 기점으로 각각의 여행 코스를 만들어 볼 수 있다. 녹사평역에서 내리면 로데오거리부터, 이태원역에 내리면 세계음식문화거리부터, 한강진역에서 내리면 꼼데가르송거리부터 도시 여행을 만끽하면 된다.

'여섯 개의 보석'으로 불리는 이태원 거리는 모두 각기 다른 표정을 지니고 있다. 첫 번째 보석은 세계음식문화거리다. 이태원의 랜드마크라 불리는 해밀톤호텔 주변과 그 뒤편 이태원로 27가길을 따라서 세계의 다양한 음식을 맛볼 수 있다. 과거 외국인을 상대했던 한식당 골목에서, 지금은 세계 여러 국가들의 음식이 한데 모여 '세계음식문화 축제'와 '지구촌 축제'의 핵심 거리로 탈바꿈하였다. 두 번째 보석은 로데오거리다. 가리봉, 천호, 압구정 등에서 명성을 얻었으나 최근 이태원에도 이들 못지않은 로데오거리가 형성되었다. 세 번째는 앤틱가구거리다. 해밀톤호텔 앞 삼거리, 호텔을

녹사평역 인근 이태원로

마주보고 내려가는 길에 이어진 앤틱가구거리는 영국과 프랑스에서 직수입한 제품들을 판매하는 명품가구거리다. 물론, 대부분 중고가구점으로 시작한 상점들이지만 최근에는 고가의 신제품들도 들어오고

있어 유럽 가구 문화를 엿볼 수 있다. 네 번째는 아프리카거리다. 낡은 주택에 아프리카계 외국인들이 모여 사는 곳이다. 아프리카 흑인들의 삶과 문화를 가장 가까이에서 몸소 체험할 수 있는 곳으로 그 가치가 높다. 다섯 번째는 국내에 유일한, 이슬람 사원을 중심으로 형성된 이슬람거리다. 이슬람 음식 전문점을 비롯해, 히잡이나 니캅 같은 이슬람 의복만 판매하는 상점 등이 있어 이슬람 문화를 체험해 볼 수 있다. 여섯 번째는 광고회사 제일기획빌딩에서 한강진역 앞 꼼데가르송 플래그십 스토어까지 이어지는 꼼데가르송거리다. 최근 패션 및 디자인 기업들의 플래그십 스토어를 비롯해 갤러리카페, 부티크호텔 등의 독특하면서도 세련된 아이템을 선보이는 거리로 자리 잡으면서 신흥 상권으로 떠오르고 있다.

무박 2일 동안 전 세계를 모두 산책해 보려면 사전에 코스를 미리 정해놓는 것이 좋다. 오전에는 조용한 꼼데가르송거리를 걸어 보고 점심에는 이슬람거리에서 이슬람 요리를 맛보고, 새롭게 자리 잡은 예술 공간들을 방문해 보는 것은 어떨까? 오후에 두 시간 정도는 유럽 가구의 전시장인 앤틱가구거리를 걸어 보고 로데오거리에서 소소한 쇼핑을 즐겨 보자. 쇼핑을 즐기면서 주변에 들어선 다양한 카페 중 마음에 드는 곳에 잠깐 들러 보는 것도 이곳의 색다른 풍경을 느껴 볼 수 있는 기회가 된다. 그리고 저녁이 되면 세계음식문화거리로 이동해 사전에 알아본 다국적 요리를 맛본다. 식사 후에는 유럽의 와인이나 맥주를 마시고, 밤이 깊어지면 클럽으로 가서 젊음의 열정을 함께 느껴 보자.

로데오거리▲ ▲세계음식문화거리
앤틱가구거리■ ■아프리카거리
이슬람거리▼ ▼꼼데가르송거리

배밭에서 혼혈인 거주지로

이태원 거리를 걷다 보면, 내국인들만큼 많은 외국인들을 만날 수 있다. 아마도 이태원이 우리나라에서 가장 많은 외국인들이 모이는 공간이기 때문일 것이다. 이국적인 거리의 경관 때문인지도 몰라도 간혹 이태원이라는 지명을 외래어라고 착각하기도 한다. 하지만 이태원(梨泰院)은 조선 효종 때부터 불린 이름이다. 한자 표기를 보면 알 수 있듯이 이곳에 배밭이 많았다고 하여 붙여진 이름인데, 임진왜란 때 많은 왜군들이 귀화하여 이타인(異他人)이 많았다는 데서 그 이름이 유래되었다는 설도 있다. 이후 왜군에게 치욕을 당한 부녀자, 부모를 잃은 아이들을 위해 보육원을 지어 혼혈인의 정착지라는 뜻에서 이태원(異態園)이라 불렀다는 설도 있다.

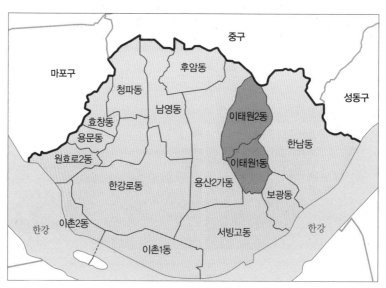

이태원의 행정적 범위

지리교사의 서울 도시 산책

외국인을 대상으로 한 상점들   이방인들이 함께 모인 자리

역사적으로 다양한 의미를 가지고 있는 이태원은 인덕원, 장호원, 조치원과 같은 역원취락의 하나였다. 조선 초 영남대로에서 서울로 진입하는 첫 관문이 바로 이곳이었다. 지리적으로 옛 이태원은 현재 용산중·고등학교가 자리 잡고 있던 터였다. 남산 중턱에 지금의 이태원로가 개통되면서 새로운 이태원이 들어서게 되었다. 해방 후에는 미군을 대상으로 하는 음식점이나 주점 등이 들어섰고, 월남민들이 집단적으로 거주하면서 해방촌이 형성되었다. 이후 이태원은 외국인들을 대상으로 한 사업들이 크게 성장하였고, 외국인들도 서울에서 자연스레 그들의 문화를 향유할 수 있는 곳으로 이곳을 선택하게 되었다. 외국인들에 대한 반감이 사라지고, 유흥문화가 젊은 세대들에게 퍼져 가면서 이곳은 젊은이들의 문화 공간으로 새롭게 자리 잡게 되었다.

한강 북쪽 동네, 한남동

한남동(漢南洞)은 남쪽으로는 한강이 흐르고, 북쪽으로는 남산이 있어 붙여진 이름이다. 조선
시대 한성부의 성 밖 지역으로 한성부 남부 한강방 한강계로 불리던 지역이다. 갑오개혁 당시
에도 성 밖을 말하는 한강방으로 행정구역이 유지되었다. 1943년 조선총독부령에 의해 용산
구 한남정이 되었고, 1946년 동(洞)제로 개편하면서 한남동으로 바뀌게 되었다. 한남동은 법정
동명으로 한남1동과 한남2동으로 나뉜다. 이태원동과 같이 외국인들이 많이 거주하고 있으며,
말레이시아, 미얀마, 리비아, 모로코, 나이지리아, 방글라데시 등의 대사관도 자리를 잡고 있다.
한남파출소가 있던 557번지에는 한강진(漢江鎭)이 있었다. 일찍이 한강에는 한강진(漢江津)
을 비롯하여 노량진(露梁津), 송파진(松坡津), 광진(廣津) 등의 나루터가 있었는데 한강진에서
'진'은 나루터를 뜻하는 진(津)의 뜻만 가진 것이 아니라 도성을 지키는 군대가 주둔한 진(鎭)의
의미도 있었다. 서울에는 삼진이 있었는데 그중 하나가 한강진(漢江鎭)이었다. 한강의 상류 쪽
에는 송파진(松坡鎭)이 있었고, 하류 쪽에는 양화진(楊花鎭)이 있었다. 지금의 한강진역이 한
강과 거리가 있는 것에서 유추해 보면 군대가 주둔했던 한강진(漢江鎭)에서 붙여진 것임을 알
수 있다.

새로운 쇼핑의 명소
로데오거리와 유럽풍 앤틱가구거리

새로운 쇼핑의 명소, 로데오거리

일정한 골목 안에 패션숍이 한데 모여 있는 경우 흔히 '로데오'라는 이름이 붙여지곤 한다. 원래 로데오라는 용어는 1990년대 미국 베벌리힐스의 세계적인 패션 거리 '로데오 드라이브'에서 유래되었다. 서울에 있는 압구정, 가리봉, 가락, 천호 로데오 등도 이에 연유한 것이다. 녹사평대로를 따라 용산구청을 지나 보광로 59길을 올라가 보자. 바로 이곳이 이태원의 새로운 중심 '이태원 로데오거리'이다. 그전까지는 이태원로를 중심으로 빅사이즈 옷을 파는 가게와 미국의 보세가게, 가죽 제품가게가 있던 곳이었다. 지금은 신진 디자이너들이 자신만의 패션 아이템을 선보이는 장소로 변화했다. 이삼십대의 젊은 쇼핑객들이 늘어 가면서 새로운 쇼핑 명소로 각광을 받고 있다. 수십 년의 명성을 지닌 압구정이나 가리봉 등의 로데오와는 사뭇 다른 거리 경관이 펼쳐진다. 경사지고 비좁은 옛 골목이 재개발되지 않은 채 그대로 유지되다 보니 패션 대기업들의 진입이 전혀 없다. 좁은 골목길이었던 주택가에 소규모의 패션숍이 하나둘 자리 잡기 시작하면서 이태원 로데오만의 거리 경관을 만들어 내고 있다.

새로운 쇼핑 명소, 이태원 로데오거리

5평 남짓한 규모의 패션숍▲ ▲노후한 주택 건물을 리모델링한 패션숍
반지하층의 패션숍▼ ▼다양한 패션 상품

이태원로 아래, 보광 57길과 그 주변 골목은 그 중심 무대가 된다. 다세대 주택과 다가구 주택들의 주거 공간이 상업 공간으로 변화되었다. 5평 남짓한 규모의 작은 패션숍들로 거리는 이어진다. 이삼십대 젊은 여성들을 타깃으로 한 패션 상품들은 저마다 아기자기한 매력을 뽐낸다.

다세대 주택가나 다름없던 이 골목이 패션숍들로 가득한 로데오거리로 변화된 이유는 무엇일까? 그것은 이국적인 색채가 가득한 이태원의 다문화적 특성 때문만은 아니다. 일찍이 젠트리피케이션을 겪었던 신사동 가로수길의 패션숍들이 대안적 장소로 선택한 곳이었기 때문이다. 당시 이태원의 임대료는 상대적으로 저렴했고, 많은 패션숍들이 이태원을 선택하여 핫플레이스로 떠오르게 되었다.

최근 10년 사이 이태원의 클럽과 음식점, 카페 등을 찾는 젊은 층이 급격히 증가했고, 상점들은 발빠르게 새 아이템들을 선보이면서 더 많은 이삼십대 인구를 흡인했다. 결국 일찌감치 실수요 고객들을 확보할 수 있었던 이태원은 신진 패션 디자이너의 욕구를 충족시키기에 가장 적합한 장소가 되었다. 결국 신진 디자이너의 유입이 지금의 이태원을 만들어 냈다고 볼 수 있다.

독특한 외관의 전시장이자 이국적인 매력의 향기가 풍기는 곳

이태원 로데오거리는 여느 로데오거리와는 달리 소형차 한두 대 정도가 간신히 지나갈 수 있을 정도로 비좁은 골목이다. 골목길을 따라 그 좌우로 좌판과 패션숍, 카페와 음식점 등이 자리 잡고 있다. 외관부터 내부까지 저마다의 개성을 살린 인테리어 하나하나가 현대 미술 작품을 보는 듯하다.

좌판, 패션숍, 카페, 음식점 등이 들어선 로데오거리

공사장에나 있을 법한 컨테이너 건축물도 이곳에서는 세련된 디자인 감각을 보여 준다. 저렴한 보세가게부터 시작해서 자신의 이름을 직접 내건 값비싼 디자이너의 패션숍까지 한데 모여 있다.

　상점이라고는 전혀 들어설 수 없을 것 같은 조그만 골목길, 두 사람 정도만이 지날 수 있을 법한 좁은 계단길, 아무도 찾지 않을 것 같은 구석구석마다 젊은이들의 실험적인 열정이 모여 골목의 매력을 더한다. 계단길 따라 깊숙이 들어가다 보면 어두운 미로로 들어가는 듯하다. 몇 해 전까지 어둡고 침침하기만 했던 골목길은 이제 예전의 모습을 찾아보기 어려울 정도로 변해 버렸다. 그래서일까? 이제는 옛 골목길의 흔적이 그리워 이를 찾아 나서기도 해 본다. 그중 하나가 몇 년 전부터 패션 관련 대중 언론 속에 자주 등장했던 이태원시장지하상가다. 허름해 보이는 골목길에 있는 상가 안 지하로 들어서면, 최신 유행의 옷과 스카프 등 다양한 패션 상품들이 진열

　　　　　　　　　　　　　　　　　　　　지리교사의 서울 도시 산책

좁은 골목길에도 상점이 들어서 있다.

이태원시장지하상가

인더스트리얼 디자인

좁은 골목길

자신의 이름을 내건 디자이너 숍

로데오거리의 외국인들

지리교사의 서울 도시 산책

되어 있다. 상표가 없는 중저가의 상품뿐만 아니라 마크제이콥스, 마르니, DKNY 등 유명 브랜드 상품도 판매된다. 이 유명 브랜드 상품들은 백화점에서 구입하는 것보다 저렴한 가격에 판매되고 있다. 진품과 가품의 논란 속에서도 여전히 저렴한 가격의 명품을 선호하는 고객들이 즐겨 찾는다.

어디를 가든 외국인들을 쉽게 볼 수 있는 거리 풍경은 다문화 공간, 이태원이 지닌 가장 큰 매력 중 하나이다. 외국인들은 마치 그들이 이 거리의 주인인 양 자유로움을 만끽한다. 밤낮 할 것 없이, 장소의 거리낌 없이 거리의 벤치에 앉아서도 자유롭게 맥주 한잔을 즐긴다. 다른 사람들의 시선은 전혀 의식하지 않는 연인들의 과도한 애정 표현에 낯부끄러워지고 거북해지기도 하지만 나도 모르는 사이 자유로운 이국적 거리의 풍경에 쉽게 동화되고 만다. 자신의 의사를 마음껏 표출하고 즐기는 모습이 한편으로 부러워지기도 하는 열린 공간이다. 삶의 작은 부분 하나에서조차 즐거움을 만끽하는 모습을 보면 보는 이들까지도 저절로 행복하게 만드는 묘한 매력이 넘치는 곳이다.

유럽풍의 고풍스런 가구 전시장, 앤틱가구거리

이태원역 4번 출구, 해밀톤호텔 맞은편 도로를 따라 보광동 쪽으로 50여 m를 내려가다 보면 버스정류장이 있다. 그 뒤편으로는 공사장에서 건물을 짓기 전에 설치하는 안전벽처럼 보이는 펜스가 세워져 있다. 높이가 약 10m 정도쯤 되어 보이는 펜스에는 이곳이 앤틱가구거리의 시작임을 알려주는 벽화가 그려져 있다.

대부분의 방문객들은 앤틱가구거리라는 말에 고풍스러운 분위기를 한껏

버스정류장 뒤편에 그려진 벽화

기대하지만 초라한 풍경에 이내 실망하곤 한다. 1970~1980년대 건물들이 앤틱한 풍경을 보여 주기는커녕 낡고 허름한 풍경만 남아 있기 때문이다. 고가의 유럽 앤틱가구들조차도 싸구려 중고가구 정도로 값어치 없게 만드는 거리 경관이 아쉽다.

 앤틱가구거리가 형성된 것은 미군이 주둔하면서부터다. 미군들이 본국으로 돌아가기 전에 가구와 같이 가지고 가기 힘든 물품들을 처리하면서 자연스럽게 이곳에 가구거리가 형성되었다. 미군들의 중고제품들이 끊기게 된 1990년대 이후부터는 영국, 프랑스 등의 유럽에서 고가의 제품을 직수입하여 판매하였다. 앤틱가구의 인기가 높아지자, 가구거리를 찾는 방문객들이 늘게 되었다. 2010년대 중반 이후 그 인기는 약간 주춤했지만 여전히 가구거리의 명맥은 유지되어 오고 있다. 현재 80여 곳에 이르는 앤틱 가구점이 이태원에 터를 잡고 있다. 중고 가구를 저렴하게 구입하기 위해 찾는 고객들도 많아서 중고 가구만을 전문적으로 취급하는 가구점도 있다.

앤틱가구거리를 찾는 이유 중 하나는 거리 이름 그대로 앤틱가구 디자인을 보는 데 있다. 거리에 진열된 가구에서부터 그 고풍스러움에 이끌린다. 가구점 안은 고풍스러운 장식장, 의자, 소파, 화장대 등의 일반 가구부터 시작해 인테리어 소품, 조명까지 유럽의 고딕풍 상품들이 주를 이룬다. 소파, 탁자, 책상들까지 모두 유럽의 왕실이나 귀족의 주택에 방문한 듯한 기분이 들 정도로 고급스럽다. 진열장 하나에 수백만 원, 장식품 하나도 수십만

앤틱가구거리의 가구점

원에 달할 정도로 고가의 상품들이다.

　이 거리는 보광로(이태원역~청화아파트)와 녹사평대로 26길(청화아파트~사우디아라비아대사관)까지 이어지는 꽤나 긴 코스다. 용산구에서는 낡고 허름해진 거리를 서울의 몽마르트르로 조성하기로 결정하였고, 지금 새로운 단장을 준비하고 있다. 2016년부터 보행자 위주의 거리로 보행환경을 개선하고, 꽃길을 만들었을 뿐만 아니라 가로등과 야간 경관을 정비하여 새로운 관광 코스로 조성해 나가고 있다.

세계 음식 천국,
이태원에서 세상을 맛보다

세계의 다양한 음식을 맛볼 수 있는 음식 천국

금강산도 식후경이라고 했던가? 최근에는 전 세계 맛있는 음식을 찾아
다니며 여행지를 소개하는 프로그램이 방영될 정도로 음식 여행이 화두가
되었다. 이태원을 여행하는 데 있어서도 먹거리를 빼 놓고는 이야기할 수

이태원의 랜드마크로 알려진 해밀톤호텔

이태원의 세계음식지도, 30개국이 넘는 음식점들이 세상을 맛보기 원하는 젊은이들을 끌어들이고 있다.

없을 정도로 이태원은 먹거리 천국이다. 전 세계의 음식을 단 반나절 만에, 약 500m밖에 안 되는 거리 안에서 모두 구경하고 맛볼 수 있다. 과거 이태원로에 집중되어 있던 인파들도 어느새 이태원 랜드마크로 통하는 해밀톤 호텔 뒤편 세계음식문화거리로 모여들었다. 최근 젊은이들 사이에서 핫 플레이스로 새롭게 떠오른 이곳에 30여 개국에 달하는 음식점들이 모두 모여 있다. 이삼십대 젊은이들의 핫플레이스로 인기를 얻고 있는 이태원에서 전 세계의 맛을 찾아 함께 여행을 떠나 보자.

이태원은 맛있다. 태국 똠양꿍, 퓨전 중식

음식문화거리에서 가장 인기 있는 맛집으로는 먼저 연예인 홍석천이 운영하는 태국요리 음식점, 마이타이(My-Thai)를 손꼽을 수 있다. 마이타이는 이태원역 앞 해밀톤호텔 사이 골목길에 위치하고 있다. 현재 이태원에서 10여 개의 레스토랑을 운영하고 있는 그는 음식문화거리의 독특한 풍경을 조성하는 데 나름 일조했다. 이태원에는 마이타이 외에도 타이오키드,

이태원에서 가장 유명한 태국요리 음식점 마이타이

마이스윗(출처: 마이스윗 홈페이지)

태국요리 음식점 타이오키드▶
▼매콤, 달콤, 시큼한 맛이 특색인 똠양꿍

파타야, 부다스밸리, 타이가든 등 태국요리 음식점이 있으며, 똠양꿍, 커리, 똠양누들 등 태국과 동남아 지역의 풍미를 맛볼 수 있다. 태국음식은 아직까지 우리에게 익숙하지 않지만 중식, 일식 못지않게 인기를 얻고 있다. 이 중 똠양꿍은 우리나라에서도 잘 알려져 최근에는 젊은이들에게 선풍적인 인기를 얻고 있는 음식이다. 토마토, 양파, 버섯, 새우 등이 어우러진 태국식 수프다. 그 향과 풍미를 더하기 위해 들어간 향신료는 똠양꿍의 새콤한 맛을 낸다. 우리나라 된장국과 비슷한 느낌에 태국음식을 처음 접하는 방문객들도 망설임 없이 주문하는 대표 음식이다. 하지만 쉰내 가득한 똠양꿍만의 독특한 풍미에 그 맛을 보고는 종종 혀를 내두른다.

쟈니덤플링도 꽤나 인기 있는 맛집이다. 상호는 꼭 미국식 햄버거 전문점일 것 같지만, 사실 국내에서 명성이 자자한 만두 전문점이다. 비가 오는 날에도 우산을 들고 오래 줄을 서서 기다려야 할 정도로 큰 인기다. 이집의 인기 메뉴는 군만두와 새우만두이다. 로데오거리에 오는 식객들을 감당하

지리교사의 서울 도시 산책

흐린 날씨에도 문전성시인 쟈니덤플링
과 인기 메뉴인 반달 군만두

지 못할 정도로 성장하게 되면서 로데오거리 반대편인 이 거리에 2호점을 열게 되었다. 만두만 가지고도 엄청난 인기를 누리고 있는 이곳에서는 중국식 만둣국인 완탕의 인기도 높다. 탕수육이나 자장면이 유명한 송화원과 대한각은 수십 년의 역사를 자랑하는 중식 노포로 이태원을 찾는 식객들의 맛집 명소다.

뉴욕을 맛보다

이태원 하면 미국음식 또한 빼 놓을 수 없다. 오랫동안 미군이 주둔했기 때문이기도 하지만, 퓨전 음식의 기본이 되기 때문이다. 미국 요리, 일명 아메리칸 요리의 명소로는 뉴욕 음식을 맛볼 수 있는 어텀인뉴욕(Autumn in New York)이 유명하다. 'Autumn in New York'이라는 영문명 그대로 이 레스토랑의 상호는 '한 번 보면 잊을 수 없는 뉴욕의 가을, 그 아름다운 정

뉴욕의 가을 정취가 가득한 어텀인뉴욕

취'를 뜻한다. 〈뉴욕의 가을〉이라는 영화 속 배경처럼 초록빛의 숲 분위기
와 오렌지 향기가 나는 듯한 민트색 소파와 오렌지색 벽면에 걸린 뉴욕의
사진들은 뉴욕의 레스토랑에 방문한 것 같은 착각에 빠지게 만든다.

오렌지 빛으로 인테리어를 한 탓에 붉게 물든 뉴욕의 가을 분위기가 연출
된다. 따뜻함과 차가움이 동시에 느껴지는 도시의 느낌도 든다. 브런치 카
페로, 미국인 조리사와 한국인 조리사의 협업을 통해 최고의 요리를 만들어
낸다. 스튜용 냄비인 스킬렛에 담겨 나오는 요리, 양념한 쇠고기를 훈제한
패스트라미 요리, 팬케이크, 샌드위치 등이 대표 메뉴다. 정해진 브런치 타
임 없이 영업시간 내내 브런치 메뉴를 맛볼 수 있다. 특히 안심과 등심 스테
이크는 미국 전통의 숙성 방식을 이용해 고기의 부드러운 맛을 살려냈다.

일찍이 외국인들이 즐겨 찾았던 터라, 이태원에는 수제버거 맛집도 많
다. 그중에서 첫 번째로 손꼽는 맛집이 스모키살룬이다. 1세대 수제버거
로 손꼽히는 스모키살룬은 신선한 재료와 뛰어난 풍미 덕분에 젊은이들에
게 큰 반향을 불러 일으켰다. 프랜차이즈의 일반적인 패스트푸드 햄버거

지리교사의 서울 도시 산책

수제버거 맛집, 스모키살룬

는 소스 맛이 강한 반면 스모키살룬의 수제버거는 소금과 후추로만 간을 한 소고기 패티의 육즙과 향이 매우 풍부하다. 호주산 청정우에 베이컨과 야채가 골고루 섞여 있어 버거의 이상적인 맛을 선사한다. '정크푸드(junk food)'라고 불리기까지 했던 햄버거에 대한 인식에 큰 변화를 준 곳이라고 이야기할 수 있을 정도로 수제버거의 상징적 공간이 되었다.

스모키살룬과 함께 이태원의 미국식 수제버거 양대 산맥으로 불리는 '자코비버거', 칠리버거와 치즈베이컨버거 등 캐나다 버거를 맛볼 수 있는 '칠리킹'도 유명하다.

블루크랩은 미국 현지에서나 맛볼 수 있는 해산물을 한국에서 맛볼 수 있게 해 주는 맛집 명소로, 연예인 등 유명 인사들까지도 즐겨 찾고 있다. 오렌지 빛의 내부와 테이블 주변에 세면대가 놓여 있다. 해산물 요리를 맨손으로 꺼내 먹어야 하기 때문에 음식을 먹기 전 손을 닦을 수 있도록 마련해 둔 것이다. 메인 요리가 접시가 아닌 봉지에 담겨 나온다는 점이 흥미롭다. 격식 없이 해산물을 즐기게 하고 싶다는 기발한 아이디어가 돋보인다.

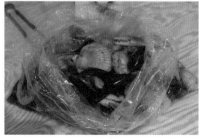

오렌지 빛의 내부와
비닐봉지에 담겨 나오
는 해산물 요리가 이
색적인 블루크랩

핫칠리꽃게, 케이준새우 등이 있으며 해물볶음 전체가 한꺼번에 나오는 메
뉴가 인기다. 매콤한 맛의 시푸드 요리는 매운맛을 좋아하는 우리나라 사
람들의 입맛에도 맞는다.

인도 무굴 제국의 요리를 훔쳐라!

커리와 향신료의 본고장인 인도와 파키스탄 요리도 이 거리에서 맛볼 수 있다. 이 중 인도의 대 제국이었던 무굴에서 이름을 따온, 인도 전통의 맛을 선보이는 모굴(MOGHUL)은 1984년에 문을 연 우리나라 최초의 인도 요리 음식점이다. 인도풍 가득한 레스토랑 인테리어부터 시작해 인도인 점원까지, 모든 것이 인도에 방문한 듯한 분위기를 느낄 수 있게 해 준다. 커리(curry), 난(Nan) 등으로 대표되는 인도 전통의 맛을 보며, 그 문화를 직접 느낄 수 있다. 먼저 향기, 소스, 깨달음 등 다양한 의미를 가지고 있는 커리는 인도의 혼합 향신료인 마살라(masala)를 넣어 만든 요리를 말한다. 주로, 강황, 고수, 페누그릭, 계피, 겨자 씨, 고추, 후추 등이 요리에 사용된다. 고대 인도에서부터 유래된 커리의 요리 방법에 대한 기록은 1502년 포르투갈인들이 처음 남겼다. 커리는 오래전부터 서양 사람들에게도 매력적인 음식이었던 것이다. 영국으로 전파되면서 커리와 밥을 섞어 먹는 스튜의 형

커리, 난 등으로 대표되는 인도요리 음식점 모굴

태로 변하게 되었다.

모굴에서 음식을 시키면 밥과 커리가 각각 다른 그릇에 담겨 나온다. 조금 큰 듯한 개인 접시에 밥과 커리를 조금씩 덜어서 섞어 먹으면 된다. 이것이 인도의 커리를 먹는 방식이다. 가공 저장 방식의 레토르트 식품으로 더 많은 우리나라의 카레와는 다른 방식과 다른 맛이다. 고수 때

발효 밀가루 반죽을 탄두르에 구워 낸 인도 전통 빵 '난(naan)'

문인지 커리의 끝 맛이 혀끝을 오랫동안 감싸는 진한 맛이다.

또 하나의 인도 대표 요리인 난은 마이다(maida)라고 불리는 발효 밀가루 반죽을 탄두르(tandoor)라는 진흙오븐에 넣어 납작하게 구워 낸 빵이다. 플레인(plain) 난이 대표적이지만 난 안에 속을 채워 빵처럼 만든 난도 많다. 난 요리는 밀 생산이 많고, 중동과 유럽의 영향을 많이 받았던 인도 북부와 북서부 지역의 주식이다. 반면 쌀 생산량이 많은 남부 지역은 쌀을 이용해 난과 같은 형태로 만든 도사(dosa)와 이들리(idley) 등의 요리를 주식으로 삼았다. 난을 만들 때 중요한 과정 중 하나는 부풀게 하는 과정이다. 초창기에는 요구르트를 사용했으나 19세기에 들어서면서 포르투갈, 네덜란드, 영국 등을 통해 들여 온 방식으로 이스트를 사용하게 되었고, 최근에

● 베이킹파우더와 베이킹소다는 화학적 팽창제의 하나다. 탄산수소나트륨 또는 중조라고도 불리는 베이킹소다는 알칼리 성분이라 산과 반응하여 중화하는 과정에서 이산화탄소를 발생시켜 반죽을 부풀게 한다. 버터밀크, 요거트, 식초 등 산성 재료들과 혼합하여야만 부풀기가 제대로 진행된다. 베이킹파우더는 베이킹소다의 결점을 보완하기 위해서 산과 전분 등을 함께 혼합해서 만든 제품이다.

는 베이킹파우더나 베이킹소다●를 이용해 부풀린다. 모굴 실내 한쪽에는 옛 방식 그대로 난을 만드는 화덕이 있다. 여기에 마이다를 붙여 잎사귀 형태로 구워 낸다. 크게 구워진 난은 먹기 좋게 네 조각으로 나누어 접시에 올린다. 특별히 속을 넣지 않은 옛 전통 그대로의 난이라서 별 맛 없을 것 같지만, 난 자체에 그 향이 배어 인도의 음식, 인도의 문화를 고스란히 느낄 수 있어 마치 작은 인도를 방문한 듯하다.

숨겨진 세계의 맛을 느껴 봐!

일본 스시 전문점인 아리가또에서 수십여 가지의 다양한 스시를, 브라질 스테이크 하우스인 코파카바나그릴에서 스테이크를 무한 리필로, 그리스 정통 음식점인 산토리니에서 파란 접시에 담긴 해산물과 샐러드를 맛본다.
연예인 홍석천 씨가 운영하는 '마이 레스토랑' 중 하나인 마이첼시에서는

이태원에서 열리는 '지구촌 축제'

해마다 10월이 되면 관광특구로 지정된 이태원에서는 축제가 시작된다. '이태원관광특구'라고 불리는 지역은 이태원로와 그 뒷길 보광로 일대이다. 이틀간 진행되는 축제 기간에는 이 지역의 차량 통행이 통제된다. 한강진역에서 이태원역을 거쳐, 녹사평역까지 축제의 하이라이트인 퍼레이드도 열린다. 총 30여 개의 팀이 참석하여 길놀이, 전통 혼례 및 다양한 거리 퍼포먼스를 보인다. 퍼레이드 이후에는 녹사평 메인 무대에서 세계 민속의상을 주제로 한 패션쇼가 열린다.

축제의 중심 무대는 이태원역에 설치된 특설 무대이며 일렉트로닉 댄스 뮤직(EDM)이 디제이(DJ)들의 진행으로 절정에 다다른다.

이 외에도 태권도 축하공연과 군악대, 의장대의 공연과 과거 시험도 진행된다. 축제 기간 동안에는 세계 음식관, 한국 음식관 및 맥주 전문 부스가 조성되며, 세계와 우리나라의 문화를 체험할 수 있는 체험관도 설치된다.

세계 난민을 위해 '난민인권센터' 부스가 설치되어 국제사회의 일원으로서 참여하는 역할도 수행한다.

일본 전통 스시집 아리가또▲　▲브라질리안 음식점 코파카바나그릴
그리스 음식점 산토리니 ▼　▼이탈리아 정통 피자 마이첼시

이탈리아 정통 피자의 맛과 풍미를 즐겨 본다. 피자 도우는 전부 오징어 먹물을 사용해 만들고, 이를 얇게 만들어 꿀 소스에 찍어 먹기 쉽게 내놓는다. 피자리움의 앤초비피자와 파스타도 지중해의 맛을 느끼기에 충분하다.

라시갈몽마르뜨에서 프랑스 요리와 북서 유럽의 다양한 홍합 요리를, 게 코스테라스에서 쌀로 만든 스페인 요리 파에야와 샹그리아(와인에 과일을 섞은 것)까지 맛보면 세계 음식 여행이 마무리된다.

지리교사의 서울 도시 산책

낯선 세계,
아프리카거리와 이슬람거리 여행

후커힐과 게이힐

이태원 119안전센터가 있는 우사단로를 따라서 도로 양편으로 트랜스(TRANCE)와 지온(ZION)클럽이 자리 잡고 있다. 여기서 왼편으로 이어진 우사단로 14길, 일명 '후커힐(hooker hill)'이라 불리는 기지촌이다. 1945년 이후 용산에 미군이 주둔하면서 이태원이 유흥거리로 변하게 되었는데, 후커힐도 이 중 하나였다. 후커힐은 우리나라 경제 성장기인 1970~1980년대 사이 집중적으로 성장했다. 1990년까지 미군을 상대하면서 호황을 누렸고, 2000년대 초반까지 비너스(Venus), 이브(Eve), 치어스(Cheers)와 같은 유흥업소들이 남아 있었다. 하지만 지금은 미군 기지의 이전과 기지촌에 대한 규제로 화려했던 유흥의 골목은 자취를 감추었다. 사람들은 떠나고 시간이 흐르면서 골목은 허름해져만 갔다. 골목 안쪽으로 들어섰던 기지촌의 옛 모습을 그려보며 골목을 오른다.

우사단로를 따라 10여 m 정도를 오르다 보면 신흥 클럽인 무브(MOVE)와 오랜 명성을 지닌 킹(KING)이 서로 마주하고 있다. 다시 좌측으로는 우사단로 12길로 이어지는데, 일명 '게이힐(Gay Hill)'로 불리는 골목이다. 이

이태원의 클럽거리, 우사단로

후커힐과 게이힐의 위치

모굴
해밀톤
호텔
이태원 쇼핑거리
이화시장
보광동 방향
리움
제일기획
후커힐
게이힐
이슬람거리
이슬람
중앙서원
한남동 방향

소위, '게이힐'로 불리는 골목에 자리 잡은 게이 클럽들

태원의 게이 클럽은 1980년대부터 시작되었지만 대규모로 북적이기 시작한 것은 1990년대 중반부터다. 초기에는 해밀톤호텔 뒤편, 주로 가요를 틀었던 지퍼(Zipper)를 중심으로 서양인을 만나려는 게이들이 모였고, 우사단로 12길, 주로 팝을 틀었던 트랜스를 중심으로 내국인을 만나려는 게이들이 주로 모였다. 다국적 게이가 모이는 게이 바에서부터 트랜스젠더들의 립싱크 쇼를 볼 수 있는 트랜스 바까지 자리를 잡고 있다.

게이힐 초입에는 트랜스와 잇미가 자리 잡고 있다. 트랜스는 이 골목에서 가장 오래된 게이 클럽으로 이태원 게이 문화의 상징적 공간이다. '나를 먹어달라'는 상호 '잇미'는 이 클럽의 사장이 방콕 여행 당시 방문했던 레스토랑의 이름에서 따온 것이다. 그 뒤로는 이 골목에서 트랜스와 함께 게이 클럽의 양대 산맥으로 불리는 퀸(QUEEN)이 위치하고 있다. 종로구 낙원동에도 이와 비슷한 공간이 존재하지만 주변의 전통 공간 속에서 다소 조심스러운 반면, 다문화의 대표 격인 이태원은 좀 더 자유로운 공간이다.

현대 도시에서 게이 문화는 분명히 창조적 힘을 가지고 있다. 경제지리학자인 리처드 플로리다(Richard Florida) 또한 도시의 창조성에서 '게이 지수'를 중요한 요소로 설명한 바 있다. 물론 게이라서 무조건적으로 사고가 열려 있다는 것이 아니라 타자로서 억압받고 차별받아 온 그들의 삶 속에서는 변화에 대한 갈망이 그 누구보다 크다고 본 것이다. 현대 사회에서 게이의 창조적 발상과 사회 참여가 새로운 도시 문화를 선도하는 데 기여했다는 사실은 이제 더 이상 부정할 수 없는 일이 되었다.

이슬람을 신봉하는 모슬렘 아프리카

이태원역 3번 출구에서 앤틱가구거리로 내려가는 길 주변 이태원1동 이화시장길은 아프리카 이주민이 많아 일명 아프리카거리로 불린다. 히잡을 쓴 사람들, 검은 피부의 사람들과 함께 거닐면 금세 아프리카거리임을 실감하게 된다. 외국인 방문객에게 거리를 안내하는 아프리카계 흑인의 모습은 사뭇 흥미롭다. 히잡 차림의 한국인 모슬렘이 거리를 걷고 있는 이태원 풍경은 중동이나 아프리카의 골목 풍경과 비견해도 다름이 없다.

이곳에 터를 잡고 있는 사람들은 주로 아프리카계 흑인들이다. 그중에서

거리를 안내하는 이슬람계 아프리카인

낡고 어수선한 아프리카거리 풍경

도 나이지리아인들이 대부분이다. 600여 명에 달하는 나이지리아인들이
원단, 자동차, 가죽, 의류 무역에 종사하고 있다. 나이지리아인의 50% 정도
가 이슬람교를 믿는 만큼 이곳에서도 히잡을 쓴 모슬렘을 쉽게 만날 수 있
다. 아프리카거리를 반으로 나누어 앞쪽인 이화시장길은 아프리카의 나이
지리아인들이 많이 살고 있어 나이지리아거리로, 뒷쪽인 우사단로 14길은
나이지리아인 이외 아프리카 지역에서 온 이주민들이 살고 있어 아프리카
거리로 부른다.

이태원을 중심으로 용산구 일대에 거주하는 아프리카 국적의 외국인만
1500여 명에 달한다. 이들이 이렇게 모이게 된 데에는 이곳에 서울중앙성원
이 있다는 이유가 가장 크다. 예배를 드리기 위해 모인 아프리카 국적의 모
슬렘들은 자신들만의 공동체를 형성시켰고 이태원 골목에 그들만의 공간

재개발 계획으로 사라질 위기에 직면한 골목들

을 하나둘씩 만들어 갔다. 그들이 이곳에 정착하려던 초기만 해도 지역 주민들의 반발이 심했다. 그러나 지역 주민의 문화의식 성장, 이주민의 적응과 정착을 통해 새로운 먹거리와 문화를 엿볼 수 있는 지역으로 변해 가면서, 이 거리를 찾는 이삼십대 젊은 층들이 유입되기 시작했다. 아프리카 요리를 맛볼 수 있는 음식점, 할랄 인증을 받은 정육점과 식료품점, 레게 머리를 전문으로 하는 미용실 등은 이태원에 다양성과 가치를 더해 주고 있다.

할랄, 모슬렘 음식을 만나다

아프리카거리로 불리는 보광로 60길을 따라 100m 정도를 오르면 우사단로 10길과 만난다. 모슬렘이 많아 이슬람거리로 불리는 골목이다. '우사

지중해식 터키요리 전문점 살람

단로'라는 도로명은 조선 태종 때 기우제를 지냈던 제단인 우사단(雩祀壇) 이 이곳에 있었다는 기록에서 연유한다.

보광로 60길에서 우사단로 10길까지 이어지는 아프리카거리와 이슬람 거리를 굳이 나눌 필요는 없다. 이곳의 아프리카인들이 대부분 모슬렘으로 이슬람이라는 종교를 신봉하고 있기 때문이다. 이미 거리에는 이슬람의 방 식으로 소와 양, 닭 등을 도축한 고기로 요리하는 음식점들이 자리를 잡았 다. 특히, 서울중앙성원 앞 골목으로는 모슬렘에게 율법에 의해 허용된 '할 랄(halal 또는 alal, halaal)' 음식 재료와 제품을 파는 식료품점과 음식점 등 이 한데 모여 그들만의 거리를 만든다. 할랄은 동물의 급소를 찔러 고통을 최소화한 다음 피를 흘려낸 이슬람 특유의 도축 방식이다.

골목을 따라 터키 요리 전문점인 쌀람레스토랑, 모로코 음식점 마라케시 나이트, 페르시아 음식점 알사바, 바비큐를 전문으로 하는 중동 음식점 페

이테하드 여행사와 이슬라믹 북스토어

트라, 이슬람 음식점 두바이레스토랑을 비롯하여, 히잡이나 니캅 같은 이슬람 고유의 옷을 판매하는 스텝인, 할랄 식자재를 판매하는 자프란 마트까지 이어지는 풍경은 이슬람거리답다.

또한 이테하드 여행사와 이슬라믹 북스토어가 가 볼 만하다. 아랍어로 연합을 뜻하는 이테하드라는 이름의 여행사는 모슬렘들을 상대로 하는 유일한 여행 업체다. 그 옆으로 이슬라믹 북스토어는 이슬람의 교리, 율법과 관련된 전문 서적을 판매한다. 서점이지만 이슬람의 의상과 모자도 함께 판매하며, 이슬람 문화를 알리는 데 톡톡히 기여하고 있다. 서점 건물 지하에는 이슬람 공동체를 위한 이슬람 센터와 작은 도서관도 갖추어져 있다. 이곳에서 모슬렘들이 모여 율법을 함께 공부하기도 하고, 여행에 대한 이야기를 나누기도 한다.

창조적 실험의 공간

　이태원이 핫 플레이스로 떠오르면서 그 뒷골목까지도 찾는 이들이 꽤나 많아졌다. 일찍이 신진 예술가들과 젊은 창업자들이 이 후미진 공간의 매력에 빠져 그들의 작업실로, 사업 무대로 삼았기 때문이다. 접근성이 뛰어나면서도 중심가에 비해 저렴한 임대료가 한몫한다. 더불어 이태원만이 보여 주는 자유로운 분위기와 문화적 다양성은 이들의 창조적 활동에 기폭제가 되어 준다.

　우사단로 10길 안쪽, 서울중앙성원에서 시작해 도깨비 재래시장까지 이어지는 거리가 바로 이들의 무대다. 개성 넘치는 작은 카페에서부터 시작해 독립영화관, 예술 공방, 갤러리 등이 골목에 모여 이곳을 젊은 창조 활동의 성지로 만들어 가고 있다. 독특한 주제의 다양한 카페와 주점, 흔히 볼

젊은 창업가와 예술가의 유입으로 창조적 공간으로 변화해 가고 있는 우사단로 10길

| 빵도 굽는 작업실 그 바람에 주식회사 | 독립 단편영화 상영관. 극장판 |

수 없는 제품들을 취급하는 상점들 등이 문을 열었다. 대한당약국, 서울식품, 성궁미용실, 성동철물보일러, 보광슈퍼, 장수건강원 등의 옛 노포 등과 한데 어우러진 골목 풍경이 이색적이다.

국내 최초의 LGBT(Lesbian, Gay, Bisexual, Transgender)를 위한 서점인 햇빛서점도 골목 중간에 자리를 잡았다. 건물 외부는 노란 네온사인을 설치하고, 내부는 분홍 불빛이 감도는 인테리어로 그들의 무지개 빛 희망을 담았다. '빵도 굽는 작업실 그 바람에 주식회사'라는 독특한 상호가 돋보이는 베이킹 스튜디오도 문을 열었다. 먼저 스튜디오로 문을 열었던 젊은 사장이 빵에 미쳐 베이킹을 시작하면서 새로운 도전을 이곳에서 시작한 것이다.

급기야 얼마전에는 이곳에 작은 영화관도 새롭게 문을 열었다. 영화를 전공한 극장장이 단독주택을 리모델링해 '극장판'이라는 이름의 상영관을 연 것이다. 좌석은 총 여섯 개 뿐이고, 단편영화를 개봉한다. 1일에 개봉해 월말에 상영을 마치고, 한편에 2000원 정도로 저렴한 가격에 영화를 감상할 수 있어 단편영화 마니아들의 발걸음이 끊이지 않고 있다. 입장료를 감독과 극장이 50%씩 나누어 서로 협력해 가는 창의적인 실험 무대가 되었다. 영화관 안에 액세서리 공예가의 작업실이자 극장의 매점인 매점뿅도 함께 문을 열었다. 극장관 극장장과 협업을 통해 만들어 낸 공간으로 젊은 창업가들의 창조적 발상이 돋보인다.

젊은 예술가들과 소자본 창업가들을 중심으로 매월 마지막 토요일에는 '계단장—들어와'라는 플리마켓도 열렸다. 이곳의 변화를 이끈 배경은 '우사단단(雩祀壇團)'이라는 젊은 예술인 모임과 '청년장사꾼'이라는 모임의 문화콘텐츠와 장사를 결합한 새로운 시도와 노력 때문이었다. 2012년 서울중앙성원 옆 63개의 계단을 무대로 계단장이 첫 문을 열었다. 계단장이 입소문을 타면서 장소가 비좁아 우사단로 10길로 옮겨야 할 정도로 성황이었다. '들어와가게'라는 캐치프레이즈를 내걸고, 길 양편으로 임시 테이블이 놓여 제법 큰 시장이 되었다. 서울중앙성원에서 출발하여 슈퍼마켓에서 마무리되는 '통통투어'라는 지역 문화 탐방 프로그램을 함께 운영하고 있다. 젊은 열정이 가득한 예술가들과 소자본 창업가들이 우사단로 10길로 유입되면서 거리는 새로운 옷으로 갈아입게 되었다. 하지만 계단장의 인기는 주변 상가들의 임대료를 폭등시키는 문제를 야기시키고 말았다. 투기꾼들로 오히려 주민들의 부담이 커지면서 결국 계단장은 폐장되고 말았다.

최대 성전인 서울중앙성원, 기도하는 모슬렘

이슬람교●를 신봉하는 모슬렘의 삶은 그 자체가 신앙이다. 세계의 곳곳에서 신앙은 그들을 모이게 하는 힘이 원천이 된다. 우리나라에서도 예외일 수 없다. 이들이 함께 모여 예배를 드리는 공간이 바로 우사단로10길 한 가운데 자리잡은 서울중앙성원이다.

성원(聖院)은 모스크를 우리말로 부른 것이다. 좁은 골목 안에서 3층 규모의 상가 건물로 둘러싸여 있고 아치형 정문이 있어서 그 안으로 들어가야만 성원 건물이 보이기 때문에 방문객 중에는 이를 모른 채 지나치는 경우가 많다. 이슬람 서울중앙성원의 중앙 출입구에는 'رَبَّنَا آللهُ'라는 초록색●● 아랍어가 씌어 있다. 아랍어인 이 글자는 '알라후 아크바르'라고 읽는다. '하나님은 가장 위대하시다.'라는 뜻으로 아랍 이슬람 세계에서 모슬렘의 신앙 고백에 사용한다. 이 아랍어는 이슬람과 관련된 시설물뿐만 아니라 국기에서도 자주 쓰인다. 이라크 국기의 가운데 흰 바탕에도 이 글귀가 초록색으로 씌어 있고, 이란 국기의 중앙에 있는 하얀 줄무늬 사이에는 22번이나 이 글귀가 적혀 있다.

알고 보면 이슬람의 뿌리도 기독교와 같은 하나님이다. 아브라함의 아들 이삭과 이스마엘에 의해서 기독교와 이슬람교로 서로 갈라지게 되었다. 약 670년경에 이스마엘의 후손인 마호메트가 창시한 이슬람교는 하나님만 알라의 계시를 이해하고, 믿은 바를 말로 표현하고, 이슬람교도로서의 의무를 실행하는 것을 신앙의 기본 요소로 한다.

● 이슬람(al-islam)은 '알라에게 복종하다'라는 뜻으로 '복종', '순종'을 의미한다. 기독교, 불교와 더불어 세계 3대 종교에 속하는 이슬람교는 전 세계 인구의 약 25%인 12억 명 정도가 신봉한다. 전 세계 모슬렘의 83% 이상이 수니파이고, 그 외에 시아파와 수피파 등이 있다. 우리나라는 6·25 전쟁 당시 터키 군인이 있었던 종교 지도자에 의해 포교가 시작되었고, 국내 내·외국인 모슬렘은 약 20만 4500명(2014년 기준)에 달한다.
●● 일부 국가를 제외하고 빨간색, 흰색, 초록색, 검정색만을 국기에 담는 것이 특징이다. 빨간색은 국경을 넘는 아랍 세계의 혈연을 의미하고, 흰색은 정통 칼리파 시대를 상징하며, 초록색은 사막의 번영(파티마 왕조)을 의미한다. 그리고 검은색은 아바스 왕조를 의미한다.

국내 최초이자 최대의 이슬람 성원인 서울중앙성원

　우리나라 최초이자 최대의 성원인 서울중앙성원은 그 수식어만큼 규모
가 크지는 않다. 우리가 흔히 알고 있던 중동 주요 도시의 모스크●와는 비
교할 수준이 아니다. 하지만 이 작은 성원이 만들어지기까지 국내 모슬렘
은 어려움이 많았다. 일단 포교부터가 쉽지 않았고, 재정적으로도 큰 어려
움을 겪었다. 1969년 우리나라가 중동 건설 붐 속에서 아랍 국가들과 긴밀
한 관계에 있을 때 우리나라에서 토지를 지원하고 중동의 여러 나라들이
건축비를 제공하여 1976년이 되어서야 완공될 수 있었다.

●　모스크는 아랍 유목민의 가죽 천막에서 그 형태가 유래되었다. 완만한 돔은 '평화'를 상징하
고, 돔 끝의 초승달 장식은 샛별과 함께 '진리의 시작'을 의미한다.

서울중앙성원 출입구에는 '하나님은 가장 위대하시다'라는 뜻의 '알라후 아크바르'라고 쓰
여 있다.

아라베스크 양식으로 치장된 성원

성원은 커다란 돔과 아라베스크 양식으로 치장이 되어 있다. 첨탑은 하
루 다섯 번의 예배 시간을 알리는 공간이며, 이방인들에게 모스크의 위치
를 알리는 기능도 한다. 이슬람 경전인 코란을 암송하는 방송이 울려 퍼진
다. '읽다'라는 의미의 코란은 창시자이자 예언자인 무함마드가 천사 가브

> **이슬람교의 창시와 종파 갈등**
>
> 이슬람교는 7세기 초 아라비아 반도에서 마호메트가 창시한 종교로, 그리스도교·불교와 함께
> 세계 3대 종교 중 하나이다. 마호메트는 '한 손에는 칼, 한 손에는 코란'이라는 말을 한 것으로
> 알려져 있는데, 실제로는 그렇지 않다. 이것은 이슬람을 비하하려는 말로 잘못 알려진 것이며,
> 오히려 마호메트가 이슬람을 포교할 당시 차별하지 않는다는 이유로 이슬람교로 개종하는 경
> 우가 많았다. 신앙을 포교하는 데 있어서 국가가 강력한 힘을 행사해야 한다고 하여 정복 전쟁
> 을 하였기 때문에 잘못 알려진 것으로 생각된다.
>
> 이슬람교의 경전인 코란이 있고, 모든 기록은 아랍어로 기록한다. 교리 및 실천의 기본은 '6신
> (六信)'과 '5주(五柱, 또는 오행五行)'로 되어 있다. 6신은 여섯 가지 믿음으로 신(알라), 천사들,
> 성전(코란), 예언자, 내세, 예정 등을 말하며, 5주는 다섯 가지 의무로 신앙 고백, 예배, 자카트,
> 단식, 순례 등이다. 종교가 삶인 모슬렘들을 보면 하루 다섯 차례 기도하는 모습에서 그들이 의
> 무를 다하기 위해 노력하는 모습을 볼 수 있다. 일반적으로 남자들은 챙이 없는 모자인 페즈를
> 쓰고, 여자들은 두건 같은 히잡을 쓰는데, 이 또한 이슬람의 여성은 배우자 외에는 다른 남자에
> 게 얼굴을 보여서는 안 되는 의무 때문이기도 하다.
>
> 이슬람은 661년 칼리프의 정통을 두고 수니파와 시아파 두 개의 종파로 나뉜다. 수니파는 정
> 통파로 이집트 등 북부아프리카, 터키 등에 분포하고 있다. 반면 시아파가 다수인 나라는 이란
> 과 이라크이다. 두 종파가 한 나라에 있는 경우는 대부분 분쟁과 갈등을 겪어 왔다.

리엘로부터 받은 하나님, 즉 알라의 말을 기록한 것이다. 이슬람은 정결함
을 중요하게 생각한다. 알라신 앞에 다가갈 때는 모든 것이 깨끗해야 한다
고 생각하기 때문이다. 그래서 화장실 한쪽에는 수십여 개의 수도꼭지가
있고 예배를 드리는 사람들은 시작 전에 손과 발을 깨끗이 씻고 예배에 참
석한다.

내부로 들어가면 바닥에는 카펫이 깔려 있고, 위로는 작은 돔이 보인다.
우상 숭배를 금지하여 인물상이나 동물상이 전혀 없고, 이를 묘사한 모자
이크나 프레스코 벽화도 없다. 사방의 벽면 중 아치형으로 약간 파인 벽인
'마흐랍'이 보인다. 사우디아라비아의 메카의 방향을 알려 준다. 그 옆으로
계단 형태의 '민바르'가 있고, 그 위는 설교자가 설교하는 공간 '카팁'이 있
다. 예배는 아랍어와 한국어로 진행되며, 한글 독음이 되어 있는 예배 입문

용 책자를 비치하고 있다.

이태원에 거주하는 모슬렘 사업가와 노동자들은 이른 아침, 점심, 늦은 저녁, 그리고 그 사이의 시간 등 하루 다섯 번씩 매일 이곳에 와서 예배를 드린다. 이슬람의 율법에 따라 신앙을 지켜 내는 힘은 공동체와 문화를 만들고 공간까지 만들 수 있었다. 이태원이 입은 알록달록한 다문화의 옷에서 이슬람 문화가 중요한 빛을 내게 될 것이 분명해졌다.

창조적 건축 디자인과 상품의 전시장, 꼼데가르송거리

우리나라 최대의 광고회사 제일기획과 새로운 옷을 입은 부티크호텔

한강진역에서 시작해 제일기획까지 약 650m 구간의 거리를 꼼데가르송 거리라 부른다. 왕복 4차선의 도로에 그 양쪽으로 가로수 녹음이 우거져 수를 놓은 듯 이어진 나무가 앙상한 가지만을 드러내는 계절이 오면 가로수로 가려졌던 건축물의 파사드가 고스란히 드러난다. 고층 빌딩이 밀집한 시청역이나 강남역 거리와는 달리 5층 규모의 키 작은 건축물들이 각각 독특한 파사드를 뽐낸다. 이태원 중심가와는 달리 마치 건축물 전시장인 양 깨끗하게 정돈되어 있어 세련된 분위기가 연출된다.

이 거리의 첫 시작을 여는 곳이 제일기획이다. 창조적 아이디어의 산실인 국내 굴지의 광고회사다. 제일기획은 1973년 삼성이라는 모기업을 바탕으로 한 하우스에이전시에서 시작되었다. 국내 최초로 소비자 조사를 실시하였고, 1987년 세계 3대 광고제 중 하나인 클리오광고제에서 본상을 수상하기도 하였다. 그러나 2005년에는 연예인 X파일 사건으로 연예인들이 이 기업의 광고 출연을 거부하는 위기도 있었다. 2011년 광고 업체 최초로 그랑프리를 수상하였고, 이후 중국과 미국의 광고 회사도 인수한 우리나라

최대의 광고 회사다. 최근 모기업인 삼성이 그룹을 재편하는 과정에서 이태원로에 있는 제일기획의 별관을 삼성물산에 매각하기로 결정하면서 주요 광고 기획사들이 그 귀추를 주목하고 있다. 광고 기획사로 알려진 제일기획은 사실 사업 분야가 무척 다양하다. 텔레비전, 라디오, 신문, 잡지 등 4가지 매체의 광고 사업을 기본으로 조사 및 컨설팅, PR, 스포츠마케팅, 전시, 이벤트 등의 프로모션 사업과 뉴미디어사업에까지 진출한 마케팅커뮤니케이션 회사다.

제일기획 건너편으로는 독특한 건축의 파사드가 돋보이는 IP부티크호텔이 시선을 사로잡는다. 〈빨강, 파랑, 노랑의 구성〉(Composition of Red, Blue and Yellow 1930)으로 알려진 몬드리안의 작품을 보는 듯하다. 원래

국내 최대 광고 회사인 제일기획　　　　　　　　몬드리안의 작품을 닮은 파사드가 인상적인 IP부티크호텔

'부티크'란 규모는 작지만 개성 있는 의류를 취급하는 점포를 나타내는 용어이다. 최근에는 규모는 작지만 독특하고 개성 있는 디자인의 건축물이라는 의미로 최근 건축이나 부동산 관련 분야에서 각광을 받고 있다. 부티크 호텔은 각 객실과 로비에 특색 있는 디자인 개념과 인테리어를 적용한 중소 호텔인 셈이다. 일명, '갤러리호텔', '콘셉트호텔', '디자인호텔' 등으로도 불린다. 호텔의 부대시설인 레스토랑이나 피트니스센터 대신 로비를 넓게 활용하여 예술 작품이나 조형물 등을 전시한다. 기존의 비즈니스호텔과 또 다른 개념과 차별화된 디자인으로 많은 인기를 누리고 있다. 1층 카페는 여타 호텔들처럼 식사를 하면서 거리를 볼 수 있는 뷰 공간을 두었고, 로비라운지에서는 각종 전시회를 개최하면서 홍보 효과를 톡톡히 얻고 있다.

다양한 건축물의 전시장

최근 한남동 가로수길이 무섭게 부상하고 있다. 신사동 가로수길에 이어 제2의 가로수길로 불릴 정도로 외제차 매장을 비롯해 패션·뷰티 업체들이 앞다투어 진출하고 있다. 장동건 빌딩으로 불리는 건물에는 폭스바겐이 입점했고, 아우디는 단독 매장을 열었다. 2010년 꼼데가르송 플래그십 스토어가 문을 연 이후로 세련된 건축물들이 하나둘 세워지기 시작했다. 여기에 최근 2~3년 사이로 명품 브랜드인 띠어리(Theory), 스웨덴 스파 브랜드인 코스(COS)와 여성복 브랜드 구호(KUHO) 등의 플래십 스토어와 단독 매장이 들어서면서 한남동 일대는 건축의 전시장으로 탈바꿈하였다.

띠어리는 컨테이너 박스를 이어 붙여 모던함을 살려 냈고, 코스는 한옥의 형태에서 영감을 받아 회색 타일로 전통 기와의 느낌을 살려 냈다. 플래

▲컨테이너 박스를 이어 붙인 명품 브랜드 띠어리의 매장
●한옥의 형태에서 영향을 받아 만들어진 코스의 매장
▼국내 여성 브랜드인 구호의 매장

이태원.. 서울에서 즐기는 무박 2일의 세계 여행

그십 스토어의 경우 거실, 욕실, 다이닝룸 등의 인테리어를 이색적으로 도입하여 패션 상품들을 전시하는 새로운 한남동 스타일을 만들어 냈다. 신사동 가로수길과 홍대거리, 그리고 이 둘 사이에 새롭게 끼어든 한남동 가로수길의 향방이 주목된다.

새로운 쇼핑 트렌드를 여는 편집숍

밀리미터밀리그램(MMMG)은 감각적인 영문 간판을 달고 소비자들을 맞이하고 있다. 카페처럼 보이기도 하는 이곳은 요즘 새롭게 인기를 끌고 있는 편집숍이다. 편집숍은 여러 브랜드를 한꺼번에 갖춰놓은 매장을 뜻하는데 최근 패션계의 이슈이다.

지하 1층~지상 2층으로 이루어진 밀리미터밀리그램, 지하 1층은 가리모쿠60의 가구 전시장, 1층은 각종 티셔츠가 진열된 편집숍과 카페, 그래

한남동의 편집숍 밀리미터밀리그램

픽 선글라스, 2층은 프라이탁 매장이다. 편집숍과 카페가 있는 1층은 가리모쿠60의 가구와 그래픽 선글라스, 프라이탁의 가방과 지갑 등을 판매하고 있다. 이곳의 창의적인 아이디어 상품들은 시선을 끌 만한 것이 많다. 그래픽 선글라스는 안경알의 모양과 색상을 취향에 맞게 선택할 수 있는 상품이다. 사람의 얼굴을 인쇄한 종이에 선글라스를 끼운 것도 독특하다.

스위스 재활용 가방 브랜드인 프라이탁은 여성용 핸드백과 노트북 가방, 아이팟 케이스, 여행 가방 등 다양한 종류의 가방뿐만 아니라 지갑, 축구공, 권투 펀칭백에 이르기까지 다채로운 상품들을 내놓고 있다. 최근 마니아층이 생기면서 이들을 중심으로 조금씩 알려지고 있다. 밀리미터밀리그램부터 시작해 프로덕트 서울, 비이커, 란스미어, 스티브제이앤요니피 등을 비

Tip

이탈리아요리 맛집 트레비아

꼼데가르송거리의 중간, 이탈리아 음식인 파스타와 로마 피자를 전문으로 하는 음식점인 트레비아 2호점이 들어섰다. 무엇보다 피자를 맛보기 전 식전 빵으로 갓 구운 치아바타와 포카치아로 이탈리아의 향을 먼저 느낄 수 있다. 치아바타는 빵의 겉이 바삭바삭하고 그 속은 구멍이 숭숭 나 있는데 맛을 보면 오묘하게 혀끝이 부드럽고 담백해진다. 그리고 포카치아는 허브와 올리브를 올려 구워 향긋한 향이 느껴진다.

이탈리아 음식 전문점인 트레비아

이곳에서는 생면을 이용한 파스타와 '피자 알라 팔라'라는 길쭉한 모양의 피자가 잘 알려져 있다. '삽, 막대기'라는 뜻의 팔라(pala)는 피자의 모양을 말해 준다. 표면이 바삭바삭하고 속은 부드럽고 담백하여 젊은 여성들의 한번 먹고 나면 또 다시 찾게 될 정도로 인상적이다. 팔라 피자의 도우는 일반 도우보다 수분이 많은 것이 특징이다. 리코타치즈를 곁들인 토마토 레지네트 수제 파스타, 바질 페스토 파스타 스파게티, 신선한 야채 위에 버펄로 모차렐라 덩어리가 올라간 마르게리타 등을 맛보면 작은 로마에 온 듯한 기분을 느낄 수 있다.

롯한 각종 신진 편집숍이 들어서면서 강남 못지않은 인기를 끌고 있다. 개성 가득한 편집숍들 하나하나가 이태원만의 독특한 분위기와 한데 어우러져 가치를 더해가는 듯하다.

삼성 리움미술관과 현대카드 뮤직라이브러리

이태원로 안쪽 골목, 이태원로 55번길을 따라 200여 미터를 오르면 그 우측에 삼성 리움미술관이 자리 잡고 있다. 삼성에서 운영하는 미술관으로 국보인 금동미륵반가상을 비롯하여 국내외 고미술품과 근현대 미술품을 전시하고 있는 상설 전시관이다.

세계적인 건축가 마리오 보타(Mario Botta), 장 누벨(Jean Nouvel), 렘 쿨하스(Rem Koolhaas)가 설계한 미술관이다. 미술관은 크게 뮤지엄(MUSEUM) 1과 뮤지엄 2로 구성되어 있다. 뮤지엄 1은 스위스 건축가 마리오 보타가 흙과 불을 상징하는 테라코타 벽돌로 우리나라 도자기의 아름다움을 형상화하여 디자인하였다. 뮤지엄 2는 프랑스 건축가 장 누벨이 세

삼성 리움미술관 전경(출처: 리움미술관 홈페이지)

지리교사의 서울 도시 산책

현대카드 뮤직라이브러리

계 최초로 부식 스테인리스 스틸과 유리를 활용해 현대 미술의 첨단성을 살려 디자인하였다. 삼성아동교육문화센터는 네덜란드 출신의 건축가 렘 쿨하스가 디자인한 것이다. 블랙 콘크리트를 사용한 블랙박스를 통해 공중에 오른 듯한 건축 디자인이 돋보인다.

뮤지엄 1에서는 금속공예, 불교미술, 도자기 등을 전시하여 다수의 국보와 보물을, 뮤지엄 2에서는 한국의 전통 회화와 한국 화가들의 서양화 등 우리 작가들의 작품을 전시하고 있다. 한국인들이라면 누구나 좋아하는 이 중섭의 「황소」도 이곳에 전시되어 있다.

삼성 리움미술관에서 이태원역 쪽으로 내려오는 길 아우디 매장 맞은편으로는 현대카드 뮤직라이브러리가 자리 잡고 있다. 뮤직라이브러리는 음악과 여행, 디자인을 테마로 회원제로 운영되고 있다. 1950년대부터 대중음악사의 중요한 발자취를 남긴 약 10,000장의 음반과 3300여 권의 음악도서를 구비되어 있다. 특히, 비틀즈 음반인 'Yesterday and Today'의 커버, 롤링 스톤스 100장 한정판인 'A Special Radio Promotional Album In

Limited Edition', 레드 제플린의 'Led Zeppelin' 등 250여 장의 음반 등 희귀 컬렉션이 전시되어 있다. 이와 함께 세계적 대중음악 잡지인 〈롤링스톤(Rolling Stone)〉 전권도 전시되어 있다.

지상 3층, 지하 6층 규모의 건축물로, 1층 지상 공간은 비워 둔 것이 특징이다. 남산과 한강의 경관을 가로막지 않고 열린 구조를 선택한 것이다. 외벽에는 롤링 스톤스의 공연 중 한 장면을 담은 초대형 그래피티 작품으로 꾸며져 있다. 인테리어는 미국의 유명한 기업인 겐슬러(Gensler)사에서 맡아서 예술적인 멋을 더하였다. 지하 2층은 300여 명을 수용할 수 있는 콘서트홀이 있으며, 지하 1층은 곡 연습과, 녹음 작업이 가능한 스튜디오로 구성되어 있다. 2층은 음반과 서적이 진열되어 있다. 복층 구조로 아래에서는 음반을 듣고, 위층에서는 음악 도서를 꺼내 보며 조용히 음악 산책을 즐길 수 있다.

실험적 해체주의의 상징인 꼼데가르송 매장

하얀색 바탕에 검은색의 동그란 원으로 가득 찬 파사드가 돋보이는 건물이 바로 이 거리의 상징인 꼼데가르송 플래그십 스토어다. 2010년에 문을 연 이 매장은 47×18m 규모의 글래스 파사드가 특징적인데, 기존 건축물의 외관을 유지하면서도 이 브랜드를 만든 디자이너 레이 가와쿠보의 독창성을 가미한 것으로 세계적인 규모의 플래그십 스토어이다.

파사드부터 시원한 느낌을 주는 이 매장에 들어서면 천장까지 높게 뚫린 층고가 시선을 사로잡는다. 1층에 자리 잡은 카페인 로즈베이커리에서는 유기농 건강식을 맛볼 수 있다. 엘리베이터를 타고 한 층 한 층 올라가 보는

실험적 해체주의 상징의 디자이너 레이 가와쿠보

레이 가와쿠보(川久保玲, Rei Kawakubo)는 실험을 좋아하는 창의적인 디자이너로 알려져 있다. 기존의 고전적인 스타일링과는 달리, 실험적 실루엣과 해체주의로 대표할 수 있는 인물이다. 해체주의(Deconstruction)라는 말은 1960년대부터 다양한 분야에서 불었던 움직임이자 예술 사조다. 말 그대로 파괴나 해체, 그리고 풀어헤침 등의 행위를 통해 정형화된 질서를 강요하는 일반적인 규칙과 모든 관습을 거부하는 반문명 운동이다. 이는 지금까지 이어져 문학, 회화, 패션, 건축 등 다양한 분야에서 모습을 드러내고 있다.

패션에서 해체주의라는 용어가 등장한 것은 1989년 『디테일즈(Details)』라는 잡지를 통해서다. 해체주의 패션은 인간의 몸이 갖고 있는 기본적인 비례와 정형화된 미의 기준에 의문을 제기하고 그 오류를 지적하면서 변화가 시작된다. 즉 옷의 형태와 구조를 아예 바꾼 것이다. 그 중심에 선 인물이 레이 가와쿠보다. 프랑스에 진출했던 가와쿠보는 서구적인 미의 기준이 자신에게는 맞지 않는 옷처럼 느껴졌다고 한다. 그래서인지 그가 만든 것들을 보면 상상 그 이상이다. 균일하지 않은 헴라인(hem line)이 보이고, 옷을 찢었으며, 실밥을 너덜너덜하게 드러냈다. 옷감들은 구겨졌을 뿐만 아니라 실루엣은 비대칭적이고도 조화롭지 못했다. 이렇게 미완성된 듯한 디자인을 통해 아름다움을 추구했던 것이다. 그의 패션 디자인은 검정색, 레이어링, 사이즈에 구애받지 않는 그런지룩, 미니멀리즘, 안티패션 등으로 설명할 수 있다.

이 거리의 상징이 된 꼼데가르송 플래그십 스토어

것도 흥미롭다. 각층마다 복잡하지 않고 심플한 매력이 돋보일 뿐만 아니라 4층 매장에서는 1층까지 내려다볼 수 있는 뷰 공간도 있다.

꼼데가르송이라는 상품명을 들으면 마치 프랑스의 명품 이름이 연상되지만 꼼데가르송은 일본의 대표적인 명품 브랜드다. 일본 최초의 스타일리스트이자, 디자이너인 레이 가와쿠보가 만든 꼼 데 가르송(Comme Des Garçons)은 프랑스어로 '소년들 같은(like boys)'이라는 뜻이다. 사실 무언가 특별한 의미가 있을 것 같은 브랜드 명이지만 단순히 어감 자체가 좋아서 지은 이름이라고 한다.

이태원 너머 맛의 실험 세계, 경리단길

이태원에서 경리단길로 넘어가는 그 중간에는 1973년부터 시작해 미군들이 버리고 간 책을 모아 외국 서적을 판매하는 중고서적, '포린 북스토어(Foreign Book Store)'가 자리 잡고 있다. 5평 남짓한 작은 중고 책방이지만 이곳을 통해 미국의 지식과 문화가 흡수될 수 있었다. 그 가치를 인정받아 이곳은 서울시 미래유산으로 지정되었다.

이 서점을 지나 50여 m 정도를 걸어 오르면, 최근 서울의 핫 플레이스로 떠오른 회나무로다. 이태원 경리단에서 남산 하얏트호텔로 이어지는 길로 도로명은 '회나무로'지만 지금은 '경리단길'로 더 많이 알려진 곳이다. 지금의 국군재정관리단, 즉 옛 육군중앙경리단이 도로 입구에 자리 잡고 있어 오랫동안 사람들에게 불려 왔던 이름이다.

외국인들이 거주 지역으로 삼았던 곳 중 하나였다. 조그마한 음식점과 술집이 들어섰던 2000년대 이후 이태원의 젠트리피케이션에 의해 신진 예술인과 젊은 사업가들이 이곳으로 유입되기 시작하였다. 거리는 크게 추로스 골목(녹사평대로 46길), 메인 도로인 경리단길(회나무로), 장진우거리(회나무로), 경리단 사잇길(녹사평대로 52길, 녹사평대로 54길), 해방촌길(신흥로)로 구성된다. 최근 마을 재생으로 새롭게 떠오르고 있는 해방촌은 경리단길에서 떨어져 나와 독자적인 영역을 갖게 되었다.

최근 SNS에서 소문난 이태원 맛집과 카페들이 이곳 경리단길에 모여 있다. 녹사평대로 46길로 들어서는 골목에는 일명 '추로스 골목'이라는 별칭을 얻게 한 스트리트추로스가 입점해 있다. 그 명성답게 이를 맛보기 위한 식객들로 거리는 항상 만원이다. 방문객이 많아지면서 최근에는 보행로도 새롭게 정돈되었다. 길 양쪽으로는 각각 개성이 넘치는 음식점, 카페, 공방 등이 서로를 마주하고 있다. 대부분 4~5층 규모의 주택 건물로 외관을 보면, 1~2층은 깨끗하고 세련된 분위기를 보이는 반면, 그 위로는 세월의 흔적이 고스란히 배어 있다. 한 건물 안에서도 20~30년 시대의 흐름이 물씬

경리단길의 첫 시작, 녹사평대로 46길

1973년부터 외국책 중고 책방으로 운영된 노포로 서울시 미래유산으로 지정된 '포린북스토어(Foreign Book Store)'

경리단길

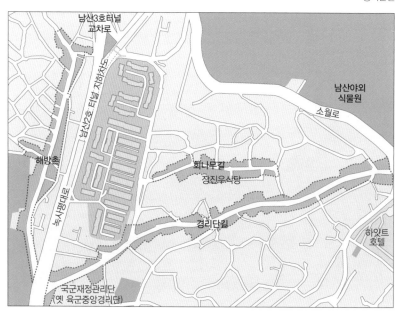

젊은이들의 취향에 맞춰 그릴드치즈샌드위치를 선보인 멜팅몽키

드러난다.

　조금 더 위로 오르면 추로스 골목 중간에 한 케이블 채널의 요리 경연 프로그램인 '마스터 셰프 코리아' 시즌 3에 출현한 이창수와 강형구의 프로젝트로 만들어진 샌드위치 가게 멜팅몽키가 자리를 잡고 있다. 이들은 미국에서 '그릴드 치즈 샌드위치'라는 거리 음식을 우리 입맛에 맞게 변형했다. 네 가지 치즈를 소분하여 섞은 다음 마늘, 파 등의 재료를 넣어 버터와 치즈 향이 가득한 독특한 식감으로 젊은 소비층 공략에 성공하였다. 공격적인 마케팅으로 성공한 수제 맥주 전문점 메이드인퐁당, 이태원에서 한식으로 승부를 건 이태원짜박이, 퓨전 파스타와 맥주로 인기를 얻고 있는 옥상키친 등도 멜팅몽키와 같이 젊은 열정과 참신한 아이디어로 인기를 구가하고 있는 맛집이다. 경리단길은 실험 정신 가득한 창업 경쟁으로 맛의 창조적 세계가 펼쳐지고 있다.

젊음이 만든 경리단 뒷골목, 장진우거리

　소리 없이 치열한 경쟁이 이루어지고 있는 경리단길에서 가장 성공한 아이템은 아마도 장진우 식당이 아닐까? 그것도 경리단 중심 도로가 아니라 인적 드문 골목에서 성공했으니 말이다. 경리단길(도로명 회나무로)에서 100m 정도를 올라가야 보이는 동네 뒷골목, 회나무로 13가길이다. 테이블 하나에, 간판도 없이 자신의 이름을 딴 장진우식당을 열어 이곳에 정착하였다. 유동 인구도 별로 없고, 주차도 쉽지 않은 좁은 골목길에서 경리단길의 핫 플레이스를 만들어 낸 것이다. 이 골목에는 장진우다방, 방범포차, 경성스테이크, 문오리, 장진우국수, 그랑블루 등 장진우가 운영하는 식당이 10여 개에 달한다. 국악과 사진을 전공하고, 인테리어 디자이너로 활동하면서 연 식당들은 제각각 개성이 넘친다. 문오리는 제주도를 콘셉트로, 빵

장진우 셰프의 식당이 많아 소위 '장진우거리'로 불리는 회나무로

푸른 바닷가의 낡은 창고에 방문한 듯한 분위기가 연출되는 지중해식 음식점 그랑블루, 제주도를 콘셉트로 한 문오리

집 프랭크는 무지개롤로, 칼로앤디에고는 카페와 바(bar)로, 방범포차는 실내 포장마차로 주종과 콘셉트도 다양하여 저마다 방문객이 끊이지 않는다. 계획 없이 자유로운 분위기의 운영 방식은 이삼십대의 젊은 방문객들로 하여금 호기심과 애정을 갖게 만든다. 이와 같은 창조적 실험의 성공으로 이 골목은 장진우거리라는 애칭까지 붙여지게 되었다.

경리단길, 작은 공방과 갤러리의 창조 세계

경리단길은 신진 예술가들의 실험 무대이기도 하다. 골목 맛집 틈바구니로 작은 갤러리와 공방 등이 자리를 잡고 있다. 일명 추로스골목이라 불리는 녹사평대로 46길 중간에는 퍼블리싱숍 콜라주(collagE)가 입점하여 골목에 문화예술의 힘을 불어넣고 있다. 일러스트레이터, 그래픽디자이너, 사진작가, 뮤지션 등의 작품과 해외 잡지들을 판매하는 공간이다. 붙어 있는 세 개의 갤러리를 함께 운영한다. 중간에 collagE, 왼쪽으로 소품 전시

예술가들의 작은 퍼블리싱숍 콜라주(collagE)

및 판매를 하는 likE, 오른쪽으로 작은 카페가 있다. 이 숍에는 목정욱, 하시
시박, 김참새 등 유명한 아티스트들이 소속되어 있다. 다양한 시각과 아트
워크의 경험을 가진 예술가들과 콜렉터가 공존할 수 있는 공간으로 경리단
길을 선택하였다. 예술적인 분위기와 경리단길 특유의 감각적인 분위가 조
화를 이룬다는 점이 이곳을 선택한 배경이다.

경리단길의 또 다른 명소로는 수제모자 전문디자인숍 빈 모디스트(Bin
modiste)가 있다. 세상에서 단 하나 밖에 없는 나만의 모자를 만드는 공방
겸 판매점이다. 이곳을 운영하는 디자이너 빈경아는 한국에서 의상을 공
부하고, 프랑스와 영국에서 모자학교를 졸업하였다. 파리 국립오페라단
Maison Miclel(샤넬사 소속) 등에서 활동한 이력을 토대로 이곳에 자신만
의 숍을 열었다. 프랑스의 장인들이 만드는 전통 방식 그대로 수작업으로
모자를 만드는데 그 원단과 부자재도 모두 유럽산이다. 근대 프랑스 여성
들이 썼을 법한 쿠튀르● 스타일에 모던한 감성을 담아 작은 예술품을 완성

수제모자 전문디자인숍, Bin modiste

한다.

다양한 감성을 담은 경리단길의 공방과 갤러리는 연예기획사에서도 관심을 갖는 곳이다. 2015년 연예기획사 SM에서는 소속 가수 에프엑스의 티저 '4 WALLS-AN EXHIBIT'을 이곳의 갤러리와 협업으로 제작하기도 하였다. BANA와 SM 비주얼&아트실의 협업으로 작품을 완성하고, 프로젝터를 활용하여 영상을 전시한 것으로 화제를 모으기도 하였다.

이처럼 경리단길의 실험 정신은 계속되고, 인기는 날로 치솟고 있다. 새로운 젊음의 무대로 각광을 받으면서 대기업들의 진출도 서서히 진행되고 있다. 2010년 초 경리단길의 임대료는 33㎡ 기준 50만~60만 원 정도로 낮아, 독특한 분위기를 내는 공방과 갤러리, 소규모 카페 등이 쉽게 입점할 수 있었는데, 최근 5년 사이 엄청난 인기로 임대료가 300만 원대로 급격히 상승하였다. 권리금도 2000만 원 선에서 억대까지 치솟아 이곳에서도 이미

● couture: 고급여성복이나 유명디자이너 제품을 의미함

젠트리피케이션이 진행되고 있다. 한정된 공간 안에서 수요가 늘다 보니 임대료는 급격히 상승하게 되었고, 높은 임대료를 감당하지 못한 젊은 예술가들은 또 다시 서울의 다른 골목을 찾아 나서게 되었다. 경리단길을 활력이 넘치는 거리로 만든 젊은 예술가들의 몫은 전혀 없다. 건물주와 성공한 소수의 자영업자에게 가 버린 그들의 몫이 제자리를 찾아 '젊음=열정'이 아닌 '젊음의 열정=현재의 보상과 미래의 희망'이 되기를 바란다.

　　　　　　　　　　　　　　　　　　　지리교사의 서울 도시 산책

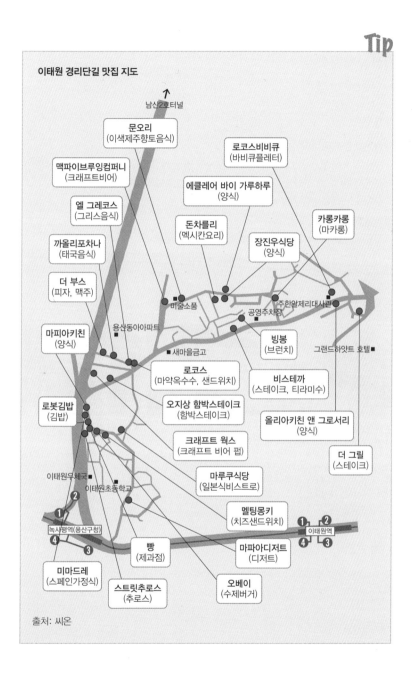

이태원 경리단길 맛집 지도

남산2호터널

문오리
(이색제주향토음식)

로코스비비큐
(바비큐플레터)

맥파이브루잉컴퍼니
(크래프트비어)

에클레어 바이 가루하루
(양식)

엘 그레코스
(그리스음식)

돈차를리
(멕시칸요리)

카롱카롱
(마카롱)

까올리포차나
(태국음식)

장진우식당
(양식)

더 부스
(피자, 맥주)

미술소품

주한알제리대사관

마피아키친
(양식)

공영주차장

용산동아아파트

그랜드하얏트 호텔

빙봉
(브런치)

새마을금고

로코스
(마약옥수수, 샌드위치)

비스테까
(스테이크, 티라미수)

로봇김밥
(김밥)

오지상 함박스테이크
(함박스테이크)

올리아키친 앤 그로서리
(양식)

크래프트 웍스
(크래프트 비어 펍)

더 그릴
(스테이크)

이태원우체국

마루쿠식당
(일본식비스트로)

이태원초등학교

멜팅몽키
(치즈샌드위치)

이태원역

녹사평역(용산구청)

빵
(제과점)

마파아디저트
(디저트)

미마드레
(스페인가정식)

스트릿추로스
(추로스)

오베이
(수제버거)

출처: 씨온

도시 산책 플러스

교통편

1) 승용차 및 관광버스
- 승용차: 이태원역–이태원로 노상공영주차장, 이태원 20길 노상공영주차장, 한강진역 공영주차장 이용, 경리단길–이태원2동 공영주차장, 아름누리 주차장
- 관광버스: 이태원역 ④번 출구, 한강진역 ①·③번 출구, 회나무로13길
2) 대중교통
- 지하철: 3호선 이태원역, 6호선 녹사평역 또는 한강진역
- 버스: 간선(110A, 400, 421, 405, 421), 순환(03, 90S투어)

플러스 명소

▲ 블루스퀘어
인터파크 산하 공연을 담당하고 있는 인터파크씨어터(서울 용산구 이태원로 294)의 공연장. 2011년 11월 개관하였고, 대중음악과 뮤지컬 전용 극장으로 다채로운 공연이 열리는 복합문화공간임.

▲ 이태원랜드
남산 줄기 지하 500m에서 발견한 암반청정수 사우나로 황토와 구들돌로 만든 불가마가 유명함.

▲ DN BOOKS
해외 서적을 국내에 최초로 수입했던 동남도서무역에서 직영으로 운영하는 서점. 디자이너들을 비롯한 예술가들이 찾는 인기 명소임.

산책 코스

◎ 이태원역 ┉› 로데오거리 ┉› 앤틱가구거리 ┉› 세계음식문화거리 ┉› 아프리카거리 ┉› 이슬람거리 ┉› 서울중앙성원 ┉› 꼼데가르송거리 ┉› 경리단길

연계 산책 코스

1) 역사 산책: 전쟁기념관, 국립중앙박물관, 해방촌길
2) 도시 산책: 한남동 T골목, 남산공원, 용산공원, 한남동 대사관길

맛집

1) 이태원 세계음식문화거리
• 도로명: 이태원로, 이태원로 27가길
• 맛집: 마이타이, 쟈니덤플링, 어텀인뉴욕, 스모키살룬, 블루크랩, 모굴, 코파카바나그릴, 산토리니, 아리가또
2) 아프리카거리, 이슬람거리
• 도로명: 보광로, 우사단로, 우사단로 10길, 우사단로 14길
• 맛집: 살람, 마라케시나이트, 알사바, 페트라, 두바이레스토랑
3) 한남동 꼼데가르송거리 주변
• 도로명: 이태원로 55가길, 이태원로 49길, 이태원로 233
• 맛집: 부자피자, 잭슨피자, 바다식당, 마렘마, 일카아소, 타이가든, 갠지스

참고문헌

경서연, 2007, 상업시설의 입지특성 분석을 통한 용도결정에 관한 연구: 이태원 관광특구를 대상으로, 중앙대학교 건설대학원 석사학위논문.

구단비, 2012, 외국음식점의 이용을 통한 문화소비방식의 이해: 이태원 브런치 전문점을 통하여, 한양대학교 대학원 석사학위논문.

박종수, 2013, 이태원지역의 종교 공간적 특성과 다문화공간으로의 이해, 서울학연구, 51, 155-179.

송도영, 2007, 종교와 음식을 통한 도시공간의 문화적 네트워크: 이태원 지역 이슬람 음식점들의 사례, 비교문화연구, 13(1), 98-136.

신애경·이혁진, 2010, 관광쇼핑 활성화를 위한 관광특구의 역할과 매력성에 관한 연구 – 이태원, 명동·남대문·북창, 동대문 패션타운 및 종로·청계를 중심으로–, 한국사진지리학회지, 20(2), 1-13

이성범, 2009, 이태원 상업지역 활성화 방안으로서 소통을 통한 문화쇼핑공간 건축구상, 한양대학교 대학원 석사학위논문.

이현승, 2009, 지역정체성 해석에 기반한 이태원 관광특구 발전 방향에 관한 연구, 서울시립대학교 대학원 석사학위논문.

임기택, 2003, 현대건축의 경계해체 특성을 적용한 이태원 문화쇼핑공간 계획, 홍익대학교 대학원 석사학위논문.

한유석, 2013, 성소수자들의 공간 전유와 커뮤니티 만들기, 서울도시연구, 14(1), 253-269

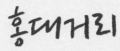

홍대거리

젊음아 모여라, 우리들의 거리로…

젊음의 열정이 끊임없이 펼쳐지는 공간, 새로운 아이디어들로 활력이 넘쳐나는 공간, 바로 서울의 '핫 플레이스' 홍대거리다. 이곳에서 인기를 얻게 되면 몇 달도 채 되지 않아 전국으로 퍼져 나간다. 새로운 패션 상품들의 전시장이 되고, 다채로운 문화 예술 공연들이 열리며, 예술가들의 실험적인 작품 세계가 펼쳐진다. 밤이 되면 수많은 젊은이들이 골목으로 모여들고, 새로운 장르의 음악을 선보이는 무대가 되기도 하며, 술을 마시고 춤을 추며 젊음을 한껏 발산한다.

창의적 발상으로 새로운 문화를 선도해 가는 홍대거리의 창조적 힘의 원천은 바로 젊음이다. 마음껏 끼를 발산하며, 그 역량을 키워 나간다. 그 중심에 문화 예술의 산실 홍익대학교와 젊은이들의 창조적 실험 무대인 서교 365가 있었다. 그 안에서 펼쳐지던 작은 상상들이 골목 곳곳으로 파고들어 지금의 홍대거리가 탄생하게 되었다.

골목에 자리 잡은 크고 작은 패션숍에서는 매일 새로운 상품이 소개되고, 드러그스토어와 북카페 등 새로운 쇼핑과 문화 공간들도 출현하였다. 홍대거리의 창조적 힘은 주변 지역까지 파급되어 소위 옆 동네로 불리는 합정동과 연남동까지 새로운 활기를 불어넣고 있다. 이들과 함께 어울려 맥주 한잔으로 목을 축이고, 클럽 안에서 함께 몸을 흔들며, 이야기를 나누는 것만으로도 행복한 일이지 않을까? 이제 홍대거리에서 젊음의 열정 속으로 함께 빠져들어 가 보자.

홍대 양화대로에서
어울마당로까지

홍대 앞 양화대로 드러그스토어의 각축장

밤낮 할 것 없이 젊음의 열정이 모이는 서울의 핫 플레이스 홍대거리, 어울마당로에서부터 시작해 와우로 클럽거리, 벽화거리, 다복길 쇼핑거리, 홍통거리까지 테마 거리들로 끊임없이 이어진다. 새로운 아이템을 선보이는 클럽과 패션숍, 개성 넘치는 갤러리와 카페 등 홍대거리에서만 느낄 수 있는 거리 풍경들이 이삼십대 젊은이들을 유혹한다. 평일이나 주말 할 것 없이 거리는 일주일 내내 수많은 인파들로 붐빈다. 아침부터 시작해 다음 날 새벽까지, 골목 곳곳에서 진풍경이 펼쳐진다. 젊은이들의 낭만과 열정 공간, 새로운 패션과 음식 문화를 선도하는 공간, 그리고 독특한 건축 문화 경관이 펼쳐지는 공간을 찾아 도시 산책을 떠난다. 지하철 2호선 홍대입구역 9번 출구 앞, 이곳은 홍대에서 약속을 잡은 젊은이들이 친구들을 기다리는 만남의 장이다. 언제부턴가 양화로 거리에 고층 빌딩들이 하나둘 들어서더니 어느새 스카이라인을 이루어 서울의 부도심다운 면목을 보여 준다.

북카페와 함께 홍대거리의 이슈로 떠오른 드러그스토어●는 어느새 양화로 일대 빌딩들의 1층 공간을 선점해 버렸다. 이미 10여 개의 드러그스토어

고층 빌딩이 들어서면서 스카이라인을 형성하고 있는 서울의 대표 부도심 양화로 일대

가 성업 중이고, 새로 개장 준비를 하는 업체도 눈에 띤다. 유럽을 여행하면서 미용 관련 제품이 드러그스토어에서 저렴하게 판매되는 것을 보고 국내에도 적용하기 좋은 아이템이라고 생각했는데 언제부터인지 우리 주변에 헬스&뷰티(H&B) 스토어라는 이름으로 하나둘 들어서기 시작했다.

젊은 여성들 사이에서 선풍적인 인기를 끌기 시작하면서 이제는 도심 지역뿐만 아니라 우리의 일상생활 공간까지 서로 경쟁이라도 하듯 들어서고 있다. 특히, 홍대거리는 지금 '유통 공룡'이라 불리는 신세계와 롯데가 각각 분스와 롭스를 개점하여 각축전을 벌이고 있다. 2012년 신세계의 분스가 홍대점을 열었고, 2017년 롯데쇼핑의 롭스가 5월에 홍대입구 1호점과 2호

● 건강(의약)과 미용이 결합된 상점이라는 의미의 드러그스토어(Drugstore)는 우리나라에서 헬스&뷰티(H&B) 스토어로 부르기도 한다.

홍대 만남의 장소인 홍대입구역 8번 출구와 9번 출구 앞

점을 연달아 개점하였다.

원래 드러그스토어는 20세기 초 미국 약국에서 의약품 외에 식품과 음료, 신문 등을 함께 판매하면서 등장하였다. 의약품을 판매하는 약국이면서도 화장품, 생활용품, 미용제품, 식품 및 음료 등 다양한 품목을 판매하는 소매점인 셈이다. 이제는 국내에서 제법 친숙해진 왓슨스, 롭스, 올리브영, 어바웃미 등이 바로 드러그스토어에서 연유하였다.

왓슨스(Watsons)는 GS리테일이 홍콩의 허치슨 왬포아(Hutchison Whampoa) 계열의 드러그스토어인 왓슨스와 합작하여 2005년 국내에 도입한 것이다.

롯데에서 운영하고 있는 롭스는 후발 주자다. '롭스(LOHB's)'라는 이름은 '롯데(LOTTE)'와 영어 단어 '러브(LOVE)'에서 앞 두 글자를, '헬스(HEALTH)'와 '뷰티(BEAUTY)'의 머리글자를 하나씩 따 만든 것이다.

올리브영은 1999년 한국형 드러그스토어 콘셉트로 CJ그룹이 강남 신사역 앞에 매장을 열면서 시작되었다. 올리브영은 초기 입점 시 의약품 판매

지도를 보며 길을 찾는 일본인 관광객

가 허용되지 않으면서 약 10여 년 동안 적자 운영을 했으나, 이후 수익이 개선되었고, 시장 점유율 60%로 업계 1위(2016년)를 달리고 있다. 어바웃미는 삼양제넥스의 브랜드이며, 그 외에도 코오롱의 W스토어, 농심의 판도라 등이 있다.

국내의 경우 드러그스토어는 일반적으로 유동 인구가 많은 도심이나 지하철역 상권에 입점한다. 약속 시간 전에 그냥 둘러보는 구경꾼들도 꽤나 많은데, 이것도 마케팅의 한 방법이다. 여전히 이삼십대 젊은 여성이 주 고객이지만 최근에는 이를 찾는 젊은 남성도 증가하는 추세다. 홍대거리에서는 드러그스토어 앞에서 여행 지도를 보며 길을 찾는 외국인 관광객들도 어렵지 않게 찾아볼 수 있다.

최신의 카페에서부터 패션숍까지, 항상 처음을 선보였던 곳은 대한민국 최고의 핫 플레이스라 일컬어지는 강남이었다. 하지만 예외적으로 드러그스토어만은 강남이 아닌 홍대거리에 주목했다. 청담·압구정 명품거리와 신사동 가로수길 등의 강남거리는 이미 패션 대기업의 진출로 포화되어 더 이상 그 틈바구니를 뚫기가 어렵기도 하지만, 그보다는 2030으로 일컬어지는 젊은 세대의 문화를 선도해 나가는 홍대거리만의 엄청난 흡인력 때문이었다.

홍대거리는 젊은 층의 유동 인구가 절대적인 곳이다. 주중에는 10만 명, 주말에는 무려 20만 명이 홍대거리를 찾는데, 이 중에서 약 60%가 이삼십대 젊은 층이다. 최근에 제조업체들이 자사 제품에 대한 소비자의 평가를 알아보기 위해 안테나숍(antenna shop)을 열 장소로 홍대거리를 가장 선호한다. 홍대거리에서의 성공이 강남거리 등지로의 진출을 사전에 점검하는 관문이 된 듯하다.

매일매일 새로운 실험들이 진행되고, 색다른 아이템을 소비하려는 욕구가 무서울 정도로 가득한 세대들이 밤낮으로 유입된다. 누구나 자유롭게 자신만의 창조적 발상을 펼치며, 이로 인한 실패를 두려워하지 않는 풍토가 이 거리에 깔려 있다. 새로운 아이템의 실험적 공간으로 홍대거리가 주목을 받을 만한 이유가 있던 것이다.

깔끔한 외관과 다양한 제품들로 진열된 드러그스토어

지리교사의 서울 도시 산책

드러그스토어는 백화점 수입 브랜드를 정가 대비 15~20% 저렴하게 판매하고 있어 기존에 백화점에서 비싼 가격에 제품을 구입하기를 꺼려하는 젊은 층에게 매력적인 쇼핑 공간이다. 문제는 우후죽순 생겨나는 드러그스토어가 운영을 얼마나 지속할 수 있을 것인가에 있다. 2015년 한 해에만 130여 개가 넘는 신규 점포를 개점하여, 573개(2016년)의 매장을 운영하고 있는 올리브영의 경우를 제외하고는 적자를 면치 못하고 있다. 롭스는 53개, 어바웃미는 10개, 분스는 7개(2016년)의 매장을 운영하고 있는 가운데 기업들의 경쟁은 더욱 치열해지고 있다. 여기에 유통 선두 기업인 신세계는 2017년부터 영국의 최대 드러그스토어 프랜차이즈 부츠(Boots)와 손을 잡고 국내 시장에 뛰어들었다.

또한 의약품만을 취급하는 약국과의 갈등도 지속될 수밖에 없는 상황이다. 의약품을 함께 판매하다 보니 의약품 판매 제한을 두고 약국과 첨예한 대립각을 세우고 있다. 유럽이나 미국, 일본 등과 같이 의약품 판매를 더욱 확대해 달라고 요청하고 있지만 기존 약국들은 생존권과 국민들의 건강권을 문제 삼아 반대하고 있다. 각 기업의 새로운 매장 입점 및 신규 브랜드 출시 계획을 발표하고 있는 가운데 과연 국내 시장이 어떻게 반응하게 될지 그 귀추가 주목된다.

한강 가는 잔다리가 있는 곳

행정구역상 홍대거리는 서교동과 동교동에 해당한다. 대부분 서교동이고, 홍대입구역 주변만이 동교동에 포함된다.

서교동이라는 동명은 우리말로 잔다리라고 불린 세교(細橋)의 서쪽에 위

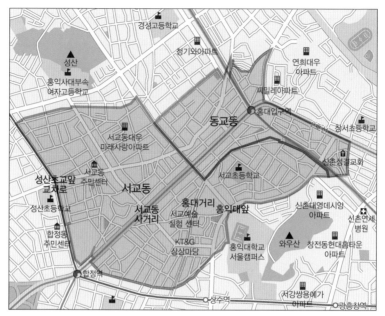

행정구역상 서교동과 동교동

치한 데서 유래되었다. 잔다리는 한강에 가기 위해 건너야만 하는 작은 다
리라는 의미에서 붙여진 것으로 서세교는 지금의 서교동사무소 일대였다.
잔다리의 서쪽 지형이 낮은 곳에 위치하여 '아랫잔다리' 또는 '서세교리'라
고 불리다가, 이후 서교동으로 불리게 된 것이다.*

『조선왕조실록』에 "세종 8년 9월 서교에 거동하여 매 사냥을 관람하다.",
"세종 30년 5월 세자가 서교에서 벼 심는 것을 보고, 농사하는 이들을 먹이
다."라는 기록이 있다.

서교동은 조선 시대 한성부 북부 의통방(義通坊) 지역이었다. 1911년

* 한국지명유래집 중부편, 2008

에는 경성부 연희면에, 1914년에는 경기도 고양군 연희면에 포함되었다. 1936년에는 서교정(西橋町)으로 이름이 바뀌었다가, 1943년 서대문구로 편입되었다. 1944년부터 마포구 관할이 되었고, 1946년부터 서교동으로 이어져 내려오고 있다. 일제 강점기 영화나루로 가는 길목에 있는 구릉지였던 곳으로, 1957년 서교 택지 정리 사업을 시작하면서 도시 개발이 진행되었다. 1970년대 후반부터는 거리에 예식장이 많이 들어서면서 '예식장거리'로 불리기도 하였다.

동교동은 세교의 동쪽에 있다고 해서 붙여진 이름이다. 과거 잔다리 위쪽 동네라 하여 '윗잔다리'라고 부르다가 동교동으로 바뀌었다. 1970년대 법정동과 행정동을 일치화하는 작업을 진행하면서 세교동은 서교동과 합정동으로 나뉘며 없어졌다. 1975년 이후 일부는 연희동으로, 일부는 연남동으로 편입되었다가, 1980년 서교동과 동교동이 분리되면서 지금에 이른

동교동의 정치적 상징이었던 김대중 전 대통령 자택과 김대중도서관

다. 동교동은 현대 정치에서 상징적 이름이기도 하다. 김대중 전 대통령의 야당 의원 시절 자택●이 동교동에 있었고, 이를 보좌하던 측근들을 일컬어 동교동계●●라 하였다. 1980~1990년대 김영삼 전 대통령 측근인 상도동계와 쌍벽을 이뤘던 세력으로 정치 현장에서 많이 등장하였다.

양화대로에서 어울마당로, 가로수길

양화로 18길을 따라 약 70여 m를 오른 후, 가로수 길이 조성된 오른쪽 골목으로 꺾어지면서부터 홍대거리의 중심도로인 어울마당로가 시작된다. 한가운데는 좁은 차로가, 그 양 갈래로는 보행로가 조성되어 있다. 따사로운 햇살 아래 보행로를 따라 이어진 가로수는 방문객들에게 조금은 시원한 그늘을 선사한다. 고층 빌딩들로 가득했던 양화대로 주변과는 달리 3~5층 정도 되는 중소 규모의 건물들이 이어져 있다. 세월의 때가 묻어 있기는 하지만 각각 개성 넘치는 파사드를 보여 준다. 독특한 디자인으로 시선을 끄는 카페와 다양한 먹거리를 선보이는 음식점부터 시작해 아기자기하면서 개성 넘치는 패션·잡화 등의 상점들이 젊은이들의 시선을 사로잡는다.

가로수 그늘 아래 서면, 어느샌가 귓가에 들려오는 음악 선율에 저절로 발걸음이 이끌린다. 거리는 크고 작은 공연들이 열리는 작은 공연장이다.

가로수길이 펼쳐지는 어울마당로   어울마당로에 입점한 다양한 상점들

가수나 연주가를 꿈꾸는 젊은 예술가들이 방송에서는 들을 수 없었던 실험적인 곡들을 선보인다. 통기타 연주에서부터 제법 실력이 돋보이는 거리의 가수가 우리의 흘러간 7080가요를 부른다. 한 소절 한 소절에서 음악에 대한 그의 애절함과 열정이 함께 묻어난다. 그 건너편으로는 젊은이들의 환호성이 들린다. 소리에 이끌려 다가가 보면 댄스 경연과 밴드 공연이 펼쳐진다. 현란한 춤 솜씨는 요즘 인기 있는 아이돌 그룹 못지않다. 비보잉을 하는 것인지 절도 넘치는 동작 하나 하나에 그들과 어울려 함께 환호성을 지르게 될 정도로 멋있고 신난다.

그래도 홍대 하면 '미대' 아니었던가. 그래서일까? 이 거리를 무대 삼아 작품을 그리는 미술학도들도 제법 많다. 이제 갓 대학에 입학한 학생인 듯 보이는 거리의 예술가들이 한 구석에 자리 잡고 앉아서 방문객의 캐리커처를 그린다. 나이는 어려 보이지만 마냥 연습이나 나온 것 같지는 않은 솜씨다. 순식간에 캔버스 속에 그려지는 장면을 놓칠까봐 두 눈을 부릅뜨고 지켜보는 것도 흥미롭다. 순식간에 색까지 바꾸어 가며 작품을 그려내는 솜

한여름 그늘진 가로수길

캐리커처를 그리는 젊은 작가들의 실험터▲
삶의 고뇌가 느껴지는 젊은 가수들의 공연장▼

씨가 제법이다. 예술가의 삶에 대한 깊은 고뇌 속에서도 희망을 잃지 않고,

젊음의 열정을 불태워 가며 그 꿈의 작은 싹을 틔워 가는 모습은 한 편의 단

막극을 보는 듯하다.

홍대거리의 비밀 철길,
서교 365

365일 젊음의 열정이 넘치는 홍대 서교 365

어울마당로는 경의선 책거리부터 시작해 홍익대학교로 올라가는 홍익로
를 가로질러 당인리책발전소까지 이어지는 길이다. 그 중심에 일명 '서교

옛 철길이 만든 비밀의 공간, 서교 365

젊은 쇼핑객들로 불야성을 이루는 어울마당로 　　　　　　　　　　　홍익대학교 정문

365'라고 불리는 매력적인 골목이 있다. 동네 이름이 서교이니 붙여진 이름
이려니 하지만 '365'라는 숫자가 상상의 나래를 펴게 만든다. 1년 365일 매
일매일 방문객들로 문전성시를 이뤄 붙여진 것쯤으로 어림잡아 본다. 수십
여 개의 소규모 패션숍이 가득한 서교 365가 홍대거리 패션의 실험적 창구
이니 충분히 가능한 상상이다.

　하루 유동 인구가 무려 10만 명, 매일매일 이삼십대 젊은이들이 낮부터
모이기 시작해 밤이 깊어지면 깊어질수록 더욱 불야성을 이루는 거대한 소
비 시장이니만큼 365일이라는 상상은 제법 그럴듯하다. 하지만 서교 365
에서 365라는 숫자는 다른 의미를 지닌다. 그 해답은 이 거리에 붙여진 번
지수에 있다. 즉 3층 규모의 낡고 허름한 건물들로 이어진 이곳이 365번지
다. 365-2번지부터 시작하여 365-26번지까지의 필지에 폭 5m 남짓한 건
물들이 200m가량 길게 이어진 독특한 공간이다.

　이렇게 좁은 구획을 계획적으로 설정한다는 것은 있을 수 없는 일이다.
그렇다면 365번지는 어떻게 조성된 것일까? 복개된 하천일까? 아니면 과

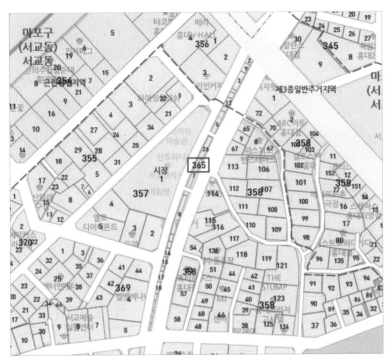

지적도로 본 서교 365, 200여 m 정도 직사각형의 건물들이 줄을 지어 선을 이룬다.

거 도로였던 공간일까? 일반적으로 두 가지 모두 타당성이 높은 추론이지
만 정답은 아니다. 서교 365번지는 바로 과거 철길이 놓였던 공간이다.

철길의 역사는 1924년 일제 강점기로 거슬러 올라간다. 당시 당인리 화
력발전소가 건설되면서 그 연료인 석탄을 운반하기 위해 용산에서부터 선
로가 만들어졌다. 그 선로는 지금의 서교 365 앞쪽에 있는 넓은 주차장 길
을 따라서 이어져 있었는데, 1976년 화력발전소의 연료를 바꾸게 되면서
더 이상 필요가 없게 되었다. 이후 비좁은 선로 위에 건물이 하나둘 들어서
기 시작하면서 지금의 거리 풍경을 갖추게 되었다. 길게 이어진 건물들이
마치 선로 위를 달렸던 화물열차인 것처럼 남아 있다. 서교 365라는 이름이

갈수록 건물은 좁아지고 두 거리는 하나로 만나는 서교 365. 거리 끝에 자리 잡은 작은 상점이 꽤나 비좁다.

마치 화물 열차 번호인 양 지금도 철길 위를 천천히 움직이고 있는 듯하다.

하지만 이제 서교 365라는 이름은 우리 기억 속에서 서서히 지워져만 가고 있다. 역사적·지리적 가치를 기억하려는 이도, 되살려 보려는 이도 없다. '어울마당로'라는 새 이름보다 '서교 365'라는 이름이 더 나을 법한데도 말이다. 이 거리에 서교 365만큼 상징적인 것이 또 있을까? '1년 365일, 우리는 젊다! 젊음은 서교 365에서 만난다!' 정도면 어떨까?

떠 있는 V자 계단을 아시나요?

어울마당로 한가운데를 가로지르는 365번지의 건물들을 사이에 두고, 길은 두 갈래로 나뉜다. 소규모의 패션숍들이 입점한 남측 골목은 주차장길, 북쪽으로 좁은 골목은 서교시장길이다. 이들 거리에 365번지의 의미를 되살려 주차장길은 '서교 365 패션거리', 서교시장길은 '서교 365 시장거리'라는 이름을 붙여 주었으면 한다.

지리교사의 서울 도시 산책

V자형 계단이 남아 있는 독특한 건축 공간

  365번지는 대부분 2~3층 규모의 건물이 모여 있으며, 1층은 주로 패션 숍이, 2층과 3층은 주로 호프집이 입점하고 있다. 16~26m²로 이루어진 1층 공간은 유명 브랜드가 아닌 개인 패션숍들로 구성되어 있다. 저렴한 가격에도 톡톡 튀는 패션 아이템들이 젊은 쇼핑 고객들을 유혹한다. 홍대거리만의 독특한 패션 아이템들로 젊은이들의 시선을 사로잡는 1층과는 달리, 2~3층은 상대적으로 낡고 허름해 보이는 탓인지 관심 밖의 대상이 되어 버렸다.

  시선을 조금만 올려도 서교 365가 보여 주는 독특한 건축 경관을 경험할 수 있을 텐데, 모두들 이를 보지 못하고 지나치는 것이 너무나 아쉽다. 고개를 들어 건물 2~3층을 보면, 2층에서부터 좌우 3층으로 오르는 계단이 설치되어 있는데 특이하게도 1층과는 연결되어 있지 않다. 각각의 층으로 어떻게 올라가게 하는지, 어떻게 이런 구조가 만들어지는 것인지 독특한 건축 구조가 호기심을 자극한다.

그 해답은 서교 365만이 가지고 있는 조성 과정에 있다. 원래 이 건물은 2층까지만 만들어졌다가 새롭게 한 층을 더 증축해 3층 건물이 되었다. 문제는 이때부터 벌어지게 되었다. 길게 구획된 건축물의 좁은 내부에는 도저히 계단을 조성할 만한 공간이 없었던 것이다. 2층에서 3층으로 올라갈 방법에 대해 고민하던 중 외부 벽면에 덧붙인 계단을 아이디어로 낸 것이다. 밖에서 보면 V자형을 띠고 있어 이곳 사람들은 이것을 일컬어 '떠 있는 V자형 계단'이라고 부른다. 나무와 철근 등을 이용해 만든, 수십 년의 세월을 지난 이 계단을 밟고 올라가다가는 금방이라도 무너져 내릴 것만 같다. 1960~1970년대를 배경으로 한 드라마나 영화 속 한 장면에나 나올 법할 정도로 시간의 때가 많이 탔다.

낡을 대로 낡았지만 도시 산책자의 마음을 사로잡기에 홍대에서 이만한 것이 없다. 세월에 빛바랜 하얀 건물이 보여 주는 풍경은 지중해의 여느 전원 마을의 풍경과 비교해도 손색이 없다. 화려한 홍대거리의 이미지와는 전혀 다른 풍경이 이곳 홍대 한가운데 남아 있다는 사실이 즐겁다. 무엇보다 도시 재개발이라는 미명하에 이 경관이 훼손되는 일이 없길 바라며, 홍대거리의 중심에는 우리 건축의 문화유산 서교 365가 있다는 사실이 오랫동안 기억되기를 바란다.

먹고, 즐기고, 자고

새로운 맛을 선보이는 맛의 실험실

젊음이 모이는 홍대거리는 맛의 창조 공간이기도 하다. 새로운 아이템으로 중무장한 젊은이들이 이곳에서 독특한 맛으로 다채로운 먹거리를 선보인다. 달수다, 미미네, 조폭떡볶이 등은 홍대거리를 창업의 무대로 삼아 성공한 대표적인 사례다.

먼저 달수다는 한여름 더위를 씻어 주는 팥빙수 맛집으로 알려진 곳이다. 홍대에서 성공하면 전국구가 된다는 말은 괜한 말이 아니다. 팥 전문점으로, 빙수가게로 달수다는 전국 곳곳에 분점을 두고 있을 정도로 성공가도를 달리고 있다.

달수다에서 10m 정도를 더 걸어 올라가면 노란색으로 외벽을 칠한 분식집 미미네가 자리 잡고 있다. 떡볶이, 순대 등을 파는 분식점이지만 일반 분식점과는 비교할 수 없을 정도로 그 규모가 크다. 3층 건물 전체를 분식집으로 사용하고 있다. 찾는 손님이 워낙 많다 보니 주차장까지도 손님들을 맞이하는 공간으로 이용하고 있다. 이곳 역시 국물떡볶이와 새우튀김으로 국내 분식집 중 가장 소문난 곳이다. 홍대거리를 방문하는 외국들 사이에서도 한번쯤은 방문해 봐야 할 맛집 명소로 알려져 있어 일본인이나 중국인 관광객들을 쉽게 만날 수 있다.

　미미네에서 10m 정도를 더 걸어가다 보면 미미네와 함께 홍대거리의 양대 분식집으로 소문난 조폭떡볶이가 있다. '조폭'이라는 독특한 상호 때문에 더 유명해진 분식점이다. 심지어 분식점 사장님이 조폭 생활을 청산하고 분식집을 연 것이라는 소문도 있었다. 사실 떡볶이가 워낙 맵다고 하여

전통의 팥빙수 맛을 재창조하여 큰 인기를 얻은 홍대 맛집 달수다

지리교사의 서울 도시 산책

분식 맛집 미미네

홍대 인기 분식점 조폭떡볶이

홍대거리.. 젊음아 모여라, 우리들의 거리로…

붙여진 이름이다. 조폭은 무섭게 매운 떡볶이와 이곳 분위기를 좋아하는 단골들의 애칭이기도 한 것 같다. 서로 경쟁이라도 하듯 매운맛을 찾아다니는 미식가들로 인해 국내뿐만 아니라 해외에도 소개되었다. 일본인 관광객 중에는 이곳의 매운맛을 느껴 보고자 찾는 미식가도 많다. 일본인들뿐만 아니라 매운맛에 대한 경쟁의식이 강한 중국인들도 즐겨 찾는 맛집 명소가 되었다.

복합 문화 공간, 상상마당

홍대거리는 우리나라 문화·예술을 선도하는 공간이기도 하다. 일찍이 홍익대학교를 중심으로 우리나라 최고의 예술가들이 모여 갤러리 거리가 조성되었기 때문이다. 물론 지금은 일부 갤러리를 제외하고는 많이 떠났지만 여전히 홍대거리만한 곳이 없다.

거리 곳곳에서 창조적 활동이 펼쳐진다. 그 중심에는 KT&G에서 설립한 복합문화공간인 상상마당이 있다. 2007년 어울마당로 한가운데 지하 4층, 지상 7층의 규모로 설립되었다. 젊은이들이 함께 모여 상상의 나래를

홍대 복합 문화 공간, 상상마당

지리교사의 서울 도시 산책

펼치며, 창의적인 아이디어를 발산하는 홍대거리를 대표하는 공간으로 자리 잡았다. 유리와 콘크리트로 나비가 날갯짓하는 모습을 형성화한 파사드에서부터 디자인적 감성이 묻어난다.

상상마당은 그 이름처럼 예술적 상상을 키우고(Incubator), 세상과 만나고(Stage), 함께 나누며(Community), 행복해지는 곳(Playground)이다. 문화 소비를 통해 작가들의 안정적인 창작 활동의 기반을 제공하고 상상력이 풍부한 작품을 발굴하기 위해 설립되었다. 특히, 디자인, 사진, 음악 밴드 등의 젊은 아티스트를 중심으로 기원하며, 그들이 기획, 전시, 공연을 제안하고 구현할 수 있도록 협력하고 있다. 파리의 퐁피두센터나 홍콩의 프린지클럽 등 해외의 복합 문화 공간에서 펼쳐지는 예술 문화 프로그램을 모토로 하고 있다.

지하 4층 시네마(단편 영화의 메카, 인디 영화의 인큐베이터, 예술영화의 플랫폼), 지하 3층 시네랩(디지털 영화에 관한 최고의 기술을 제공하고, 정보를 공유하는 공간으로 독립·단편 영화에서 상업 영화까지 다양한 제작 시스템 수용), 지하 2층 라이브홀(자신만의 음악을 표현하고 싶은 뮤지션들을 위한 음악 전문 공연장), 지상 1층 디자인 스퀘어(신진 디자이너의 작품을 소개·유통하며 양산을 지원하는 공간), 2층 갤러리(현대미술 및 비주류 예술을 대중에게 소개·유통하고 신진 작가를 발굴하는 공간), 3층 아카데미(사운드·영상·비주얼 중심의 교육 프로그램이 운영되는 미디어 공간) 4층 아카데미(인문학·글쓰기·창작워크숍·미술 강좌를 중심으로 예술가와 일반인을 이어주는 문화 예술 교육 공간), 5층 스튜디오(대한민국 생활 사진가 및 사진작가를 위한 공간), 6층 카페 세인트콕스(일상과 예술에 대한 맛있는 담론과 나눔이 있는 공간)로 구성되어 있다. 특히, 장르를 넘나드는

상상마당. 홍대 하면 떠오르는 이미지 중의 하나는 '디자인'이다. 디자인 관련 제품들을 모두 체험하고
구입할 수 있는 홍대의 새로운 명소다.

디자인 상품이 전시된 1층 공간은 젊은이들로 붐빈다. 진열된 작품과 상품
들을 보기 위해 방문한 디자인 전문가나 학생들부터 상품을 구입하거나 여
행 중 구경하러 온 방문객들까지 다양한 사람들이 즐겨 찾는다. 참신한 아
이디어 하나로 만들어진 디자인 작품들을 보며, 사진을 찍고 노트에 아이
디어를 그려 보기도 한다. 상상마당이라는 그 이름처럼, 이곳에서 젊은 예
술가들이 무한한 상상력을 펼치며, 그 꿈을 실현해 나갈 수 있는 장이 되기
를 기대해 본다.

어울마당로 너머, 게스트하우스

어울마당로, 그 마지막 코스는 마포구에서 '걷고 싶은 길'로 지정된 곳이
다. 스파(SPA)와 잡화 브랜드로 채워진 홍익로 주변 거리 경관과는 달리 홍
대거리의 옛 경관이 제법 많이 남아 있다. 여전히 홍대 문화를 대표하는 클
럽거리가 한쪽 골목에 남아 있는 반면, 새로 유입된 퓨전 음식점과 북 카페

지리교사의 서울 도시 산책

맛집과 연계한 아이템으로 승부한 게스트하우스, 마마스앤파파스

도 거리 문화의 한 축을 이룬다. 홍대 거리를 찾는 방문객들이 증가하면서 게스트하우스도 종종 보인다.

사실 알고 보면 전국에서 가장 많은(238곳, 2016년) 게스트하우스가 자리를 잡고 있는 곳이 이곳 홍대거리가 있는 마포구다. 외국인이 많이 찾는 서교동, 연남동, 동교동의 홍대 일대에만 189곳이 밀집되어 있다. 역시나 홍대거리의 인기만큼이나 그 개성을 살려 외국인들에게 큰 인기를 끌고 있다. 이 중 마마스앤파파스와 포춘은 독특한 아이템으로 홍대 게스트하우스만의 문화를 열었다.

마마스앤파파스는 1층에 산더미불고기라는 불고기 맛집의 사장이 연 게스트하우스다. 1층에 외국인 관광객들이 좋아할 만한 불고기 맛집과 연계되어 외국인들이 많이 찾는다. 포춘은 유학원을 운영했던 사장이 직접 문을 연 게스트하우스다. 외국인들과 자유롭게 의사소통하며, 홍대거리 문화를 친절하게 소개해 주어 외국인들에게 인기가 많다. 외국 여행이나 유학, 어학연수를 소개해 주기도 하면서 홍대를 찾는 내국인 방문객들에게도 방문 명소가 되었다.

마포구는 게스트하우스가 급격히 많아지면서 건축물의 안전과 관련하여 현장 점검을 강화하면서 게스트하우스가 홍대의 새로운 문화 상품으로 변화해 나가는 것을 돕고 있다. 자신이 원하는 여행지로의 접근성이 뛰어나고 여러 나라 사람들과 함께 만나고 이야기를 나눌 수 있다는 강점을 살리고자 한다. 홍대를 찾는 젊은 여행객들에게는 충분히 매력적인 숙박 상품이다. 여행객들이 서로 다른 문화를 접하고 교류하며 소통하는 홍대의 작은 문화 창구로서의 역할을 톡톡히 해낼 것으로 기대된다.

최근에는 주말이 되면 이곳 게스트하우스를 찾는 국내 젊은이들도 많아지고 있다. 외국인들과 대화를 나누며, 자신의 어학 실력을 쌓아 보거나 다양한 국가의 문화를 직접 체험해 본다. 1일 2만~4만 원 정도의 저렴한 가격에 이곳을 찾는 이들은 계속 증가하고 있는 추세다. 홍대거리 문화를 즐기고, 내·외국인들과 함께 어울려 이야기를 나누고자 한다면 이곳에서 하룻밤 정도는 머물러 봄직하다. 분명 지금까지 홍대거리에서 경험해 보지 못한 새로운 즐거움을 발견할 수 있을 것이다.

클럽 문화의 상징

이러쿵저러쿵 말해 보아도 홍대거리 하면 클럽을 빼놓고는 설명할 수가 없다. 홍대 정문을 바라보고 그 우측으로 이어진 와우산로, 이 와우산로를 따라 이어진 와우산로 17번길이 바로 홍대 클럽 문화의 산실이다. 일명, '홍대 클럽거리'로 불리는 공간으로 밤이 깊어지면 수많은 젊은이들의 열정이 불타오른다. 와우산로 17번길에 자리 잡은 유명한 클럽으로는 디지비디(드러그), 고고스2, 타, 클럽에프에프가 있다. 몇 년 전부터는 밤과 음악사이라는 클럽이 8090세대들 사이에서 선풍적인 인기를 얻고 있다. 20대 후반에서 30대 후반까지를 위한 신개념의 클럽으로 1990년대 아이돌 가수에 열광했던 세대들에게 선풍적인 인기를 얻고 있다.

불야성을 이뤘던 홍대 클럽은 밤의 공간만이 아니다. 몇몇 클럽들은 한

지리교사의 서울 도시 산책

낮에도 강렬한 비트의 음악으로 거리를 깨운다. 클럽이 광고나 드라마 등의 촬영지로 새로운 옷을 입는 시간이다. 스피커가 찢어질 듯한 비트에 이끌려 클럽 안으로 들어가면 여지없이 광고를 촬영하는 중이다. 한낮에도 캄캄한 클럽 안은 밤의 클럽 풍경과 다를 것이 없다. 클럽 문화를 제대로 즐겨 보지 않았어도 금세 그 비트에 따라 저절로 몸이 흔들리며 분위기에 빠지고 만다. 클럽거리도 그들만의 시간이 있다. 저녁이 되면 비트가 울리기

와우산로에 밀집한 홍대 클럽(출처: "홍대앞 클럽지도", 중앙일보, 2009.4.13)

인디 밴드의 스탠딩 공연 클럽 고고스, 8090세대를 공략해 성공적으로 정착한 홍대 클럽, 밤과 음악사이

홍대 주요 클럽

■ 라이브클럽

1. 롤링스톤스: 홍익대 앞의 전통 있는 라이브클럽
2. 긱라이브하우스: 전문적인 무대 장치와 음향을 자랑하는 공연장
3. 빵: 록음악 공연, 갤러리·카페 등의 복합 문화 공간
4. 쌤: 신인부터 숨은 실력파 뮤지션의 공연장
5. 재머스: 즉흥 연주가 가능한 실력 있는 록 뮤지션을 위한 무대
6. 사운드홀릭: 사운드가 훌륭하기로 이름난 공연장
7. 주: 모던 펑크, 록 장르 신인의 공연이 자주 열리는 공간
8. 스팟: 하우스밴드 위주로 매일 다른 아티스트들의 공연장
9. 워터콕: 객석과 경계가 없는 무대가 인상적인 재즈클럽
10. 홀: 홍익대 놀이터 옆 터줏대감인 전통 있는 힙합클럽
11. 프리버드: 홍익대에서 가장 오래된 역사를 지닌 라이브클럽
12. 팜: 라이브 재즈 공연이 펼쳐지는 카페
13. 유니트: 지하는 힙합클럽, 1층은 바
14. 상상마당 라이브홀: 신인 인디밴드의 신선한 음악 공연장
15. 에반스: 홍익대 앞의 대표적인 재즈클럽
16. FF: 라이브클럽과 댄스클럽의 장점을 합친 곳
17. 드러그: 1990년대 대한민국 인디 음악의 역사를 새로 쓴 곳
18. 롤링홀: 홍익대 앞을 상징하는 대표적인 라이브홀

■ 댄스클럽`

19. 카고: 하우스, 트랜스 음악 등 다양한 일렉트로닉 음악 클럽
20. NB: YG엔터테인먼트의 양현석이 운영하는 클럽
21. 명월관: 홍익대 앞에서 가장 오래되고 유명한 클럽 중 하나
22. 디디: NB와 함께 정통 힙합 위주의 클럽
23. 스카: 20대에서 50대까지 편안한 마음으로 찾을 수 있는 클럽
24. 사브: 힙합과 테크노 음악 위주의 클럽
25. 후퍼: 가요와 팝 음악 위주의 클럽
26. 엠투: 하우스나 펑키 디스코 음악 위주의 클럽
27. 조커레드: 다소 어려운 일렉트로닉 음악, 매니아 위주의 클럽
28. 스카투: 지하 1층에서는 모든 음악, 지하 2층은 하우스 음악 전용
29. 비아: 일렉트로닉 음악 위주의 클럽
30. 올드록: 올드록과 팝 음악 위주의 클럽, 30대 이상이 많이 찾기로 유명한 클럽

(출처: "홍대앞 클럽지도", 중앙일보, 2009.4.13)

는 하지만, 밤 열시 즈음부터 시작해 절정을 이룬다. 스피커에서 울리는 거

대한 굉음이 클럽 밖까지 요란하게 울리기 시작한다. 개성이 넘치는 2030 세대들이 하나둘 클럽 안으로 들어선다. 이들만의 시간은 다음날 새벽까지 계속된다.

그렇다면 홍대거리에 클럽 문화가 형성된 이유는 무엇일까? 이 거리에 조금이나마 관심을 가진다면 충분히 가질 법한 궁금증이다. 왜 하필 홍대일까? 분명히 1980년대 홍대거리가 젊은이들 사이에서 어느 정도 알려지기는 했지만 이렇게 유명한 곳은 아니었다. 당시 홍대는 오히려 조용한 카페들이 자리 잡은 조금은 정적인 문화 예술의 공간이었다.

홍대거리가 동적인 공연 공간으로 변화되기 시작한 것은 1990년대부터다. 특히, 1994년 7월 문을 연 라이브 클럽 드러그(Drug/DGBD)는 홍대 클럽 문화의 시작을 여는 단초가 되었다. 1990년대 후반 한창 "말달리자"로 인기를 끌었던 크라잉넛을 비롯하여 노브레인도 이곳 출신이다. 밴드 공연뿐만 아니라 독립 음반을 제작했던 드러그는 우리나라 1세대 인디밴드의 산실이라 할 수 있다. 1995년에는 재즈와 클래식 등 국내에 잘 알려지지 않은 해외 음악을 소개하는 잡지 〈레코드포럼〉과 같은 이름의 레코드 가게도 역시 이곳에서 첫 문을 열었다.

홍대 클럽거리가 탄생하게 된 배경으로는 크게 두 가지를 들 수 있다. 하나는 1994년 10월 21일 성수대교 붕괴이고, 다른 하나는 1997년 당산철교 해체다. 강남 문화에 빠져 있던 대학생들이 이동 수단의 감소로 홍대로 발길을 돌리게 된 것이다. 1990년대 중반부터 신촌이나 압구정, 강남역이 아닌 홍대가 클럽 문화의 중심이 되었다. 이와 함께 YG엔터테인먼트의 사장인 양현석이 1999년에 클럽 NB(Noise Basement)를 오픈하면서 공연 중심에서 댄스와 파티 중심으로 그 문화가 변모하게 되었다.

홍대의
다른 얼굴

홍대 입시 미술 학원, 소극장의 산실 와우산로

지하철 2호선 개통(1984년)은 홍대거리가 본격적으로 문화 공간으로 변화하게 된 이유라고 볼 수 있다. 개통된 지 1년 후 이곳에 극단 산울림의 산울림소극장이 개관하였고, 이후에 홍대 도예과 졸업생들이 카페 흙과 두남자를 열고, 안상수 교수가 테마 카페인 일렉트로닉스를 열었다. 거리에는 문화 공연장이 하나둘 생겨났고, '와우산로'라는 새로운 이름도 붙여졌다. 와우산로의 사잇길에는 일명, '피카소거리'라 불리는 예술의 거리도 탄생하였다. 홍익대학교 미대생들을 중심으로 '거리미술전'이 개최되었고, 갤러리들이 하나둘 자리 잡으면서 홍대거리는 문화 예술의 거리로 변화되었다.

홍대 미술대학은 우리나라 최고의 미술가들의 산실로 이미 정평이 나 있는 만큼 입시 열풍도 대단하다. 와우산로와 홍익로 곳곳에는 수십여 곳의 미술대학 입시 학원들이 자리 잡고 있을 정도다. 최근 그 수가 많이 줄었지만 2000년대만 해도 100여 곳에 달했다. 본격적인 입시철인 12월부터 이듬해 2월 사이에는 4000여 명의 수강생들로 자리를 메운다. 거리는 '홍익대 2016년 전국 최고의 합격률', '최다 합격생 배출' 등 학원을 홍보하는 각종

와우산로와 홍익로 곳곳에 위치한 입시 미술 학원

플래카드로 가득하다. 그만큼 입시 학원 수강료도 만만치 않다. 10주 과정에 300만 원을 훨씬 넘고, 겨울방학에 편성된 과정은 500만 원이 넘는다.

와우산로를 따라 김대범소극장, 비보이소극장 등이 있고 그 끝에는 산울림 소극장이 자리 잡고 있다. 이 외에도 윤형빈소극장, 디딤홀, 스텀프, 임혁필소극장 등 작은 소극장도 자리를 잡고 있다. 2009년에 문을 연 김대범소극장은 "당신이 주인공"이라는 코미디극으로 많은 인기를 얻고 있다. 30여 년이라는 긴 역사를 자랑하는 산울림소극장은 한국 연극계의 거목 임영웅이 뚝심으로 유지해 온 곳이다. 100석 규모의 작은 극장이지만 사회 풍토의 변화를 오랫동안 창작극으로 그려내었다. 대표적인 작품으로는 1969년부터 올린 사뮈엘 베케트의 작품이 원작인 "고도를 기다리며"가 있다. 2013년 베토벤, 2014년 슈만, 2015년 슈베르트를 주제로 음악과 연극이 함께하는 "산울림 편지콘서트"를 시작하였다. 편지콘서트는 낭독과 연주를 통해 예술가의 삶을 다시 이야기하는 공연이다. 예술가들의 자필 편지를 낭독하는 공연으로 많은 인기를 얻고 있다. 사실 2000년대 들어서면서 홍대뿐만 아니라 서울의 소극장들이 대부분 경제적인 문제로 경영난들을 겪어야만 했다. 그래서 여러 소극장들이 폐업하는 상황까지도 발생하게 되었다. 홍

와우산로에 위치한 미대 편입 학원   김대범소극장

대에서도 몇몇 소극장들이 문을 닫게 되었지만 2000년대 후반부터 소극장들이 다시 들어오게 되었다. 2010년 이후로 홍대거리의 인기로 젠트리피케이션이 발생하게 되면서 또 한번 예술가들은 삶의 터전을 빼앗기고 만다. 지역 내 예술가들의 활동을 장려하기 위해 마포구에서 2014년부터 홍대문화관광축제를 개최하여 이를 활성화하고 있다. 하지만 오른 임대료를 감당하지 못해 이곳을 떠났던 예술인들이 다시 돌아올지 아직은 미지수다.

젠트리피케이션 vs 백화현상

2000년대까지만 해도 잠잠했던 홍대 상권은 2010년대 이후 서울의 핫 플레이스로 급격히 부상하였다. 주변 상권이 급속히 확대되었고, 더불어 임대료도 급상승하게 되었다. 심지어 다세대 주택의 주차장 부지가 상가로 임대되는 일까지 발생하였다. 어떻게 보면 건물을 집약적으로 이용하는 것처럼 보일지 모르지만 불법을 자행하는 일이었다. 소상인과 예술인들의 노

주차장을 점포로 이용하는 홍대거리 풍경

력으로 홍대만의 문화를 만들어 냈던 덕택에 건물주들은 큰 수익을 얻을
수 있었다. 하루 10만 명 이상의 유동 인구, 특히 유행을 선도해 가는 젊은
층의 유입이 두드러져 속속 커피와 의류 등의 프랜차이즈 매장이 들어서기
시작하였다. 이른바 '젠트리피케이션(gentrification)' 현상이 빚어지고 있
는 것이다.

젠트리피케이션은 도시 환경의 변화로 중·상류층이 낙후된 구도심 지
역으로 다시 유입되면서 비싼 임대료나 집값 등을 감당하지 못한 원주민들
이 다른 곳으로 밀려 나가게 되는 현상을 말한다. 대기업의 거대 자본과 대
형 상점들이 잇따라 들어오면서 이곳의 문화를 이끌어 갔던 소규모의 패션
숍과 댄스클럽, 극장 등은 값비싼 임대료를 감당하지 못해 쫓겨나게 되었
다. 2010년대 이후 불과 2~3년 사이 임대료가 두 배로 올라 버렸기 때문이
다. 심지어 홍대거리를 돌면 상가 15곳 중 10곳 이상이 개업한 지 1년도 채
안되었을 정도로 임대료 상승으로 인한 폐업률이 높다. 5년을 넘긴 곳이 단
한 곳에 불과할 정도로 문제는 심각하다.

신진 디자이너들이 직접 운영했던 소규모 패션숍은 대부분 이곳을 떠난 지 오래고, 최근 2년 동안 라이브클럽은 10여 곳이나 문을 닫았다. 2015년에는 자우림과 델리스파이스 등 유명 밴드의 산실이었던 프리버드가 운영난을 겪으면서 20년 만에 문을 닫고 다른 곳으로 이전하였다. 와우교 아래 경의선이 다니던 철길 길목을 따라 2000m 정도 길이의 작은 골목길인 땡땡거리도 상황은 마찬가지이다. 신촌과 이어지는 골목으로 대기업 프랜차이즈와 대형 자본들이 들어오면서 이곳의 문화를 키워 낸 예술인들과 상인들이 떠나고 말았다. 2015년 이후 젠트리피케이션이 심화되면서 홍대거리는 본연의 색깔을 잃어버리게 되었고, 조금씩 쇠퇴해 가는 백화현상이 진행되고 있다. 조금씩 홍대거리에는 빈 점포들이 늘어 가고 있다. 새로 입점한 업체들조차 급격히 치솟은 임대료를 더는 감당해 내지 못하는 상황까지 온 것이다. 결국 지나치게 높은 임대료가 열정이 가득 넘쳤던 홍대거리에 부메랑이 되어 다시 돌아오고 있다.

Tip

홍대 거리 재생의 공간 '청춘마루' 문을 열다

홍대 정문 앞 오래된 은행이 하나 있었다. 1970년대 지어진 KB 국민은행 서교동 지점이다. 40년간 홍대거리와 금융 시스템의 변화로 오래된 은행은 제대로 쓰이지 못하고 있었다. 이에 건축가와 홍익대학교 교수들이 모여 건물의 역사성을 살리는 동시에 건물의 재생이 도시의 재생으로 거듭나게 할 만한 프로젝트를 추진했다. 그 결과 쓰임을 잃었던 옛 은행은 2018년 문화 복합 공간으로 재탄생하였다. 기존 건물이 건축가 김수근이 설계한 건축물이었기 때문에 그 형태를 최대한 유지하였다. 건축의 재생을 통해 공연, 전시, 강연 등의 문화예술 공간으로 다시 태어나 2030 젊은이들의 창조적 활동을 돕게 된다.

홍대 벽화 골목-피카소거리

벽화가 그려진 상점

홍익대 주변 골목에는 벽화거리, 일명 피카소거리가 조성되어 있다. 1993년 '거리미술전'을 시작으로 홍익대 미술대학 학생들과 여러 작가들이 함께 낙후된 골목에 벽화를 그리면서 벽화거리가 형성된 것이다. 거리미술전이 진행되는 기간 동안 이곳에서 벽화를 그리는 미술대학 학생들을 만날 수 있다. 이 때문에 벽화거리는 계속 늘어나고 있지만 한편으로는 낙후된 골목들이 하나씩 새로운 건축물로 바뀌어 가면서 벽화가 사라지기도 한다.

이곳의 벽화는 다른 벽화 마을에서 볼 수 있는 꽃이나 동물 벽화처럼 일반적인 '그림'보다는 '예술'에 가까운 형태이다. 작품 같은 그림도 많지만 낙서 같은 그림도 있고 그라피티(graffiti)도 많다. 그라피티는 낙서 같은 문자나 그림을 뜻하는 말로, 유럽에서는 '거리의 예술(street art)'로서 자리를 잡았다. 젊음과 해방, 그리고 예술의 상징 공간으로 홍대거리의 한 축을 형성하고 있다.

홍대는 이제 책을 읽는 중, 북카페 문화가 열리다

홍대는 이제 책을 읽는 중

어울마당로에서 달수다와 미미네를 지나면 상상마당으로 자연스럽게 이어진다. 상상마당을 지나면 양 갈래 길이 나오고, 그 길 한가운데 있는 '주차장길(공영 주차장)'에는 작은 공원이 조성되어 있다. 공원으로 이어진 작은 거리를 걷다 보면 그 왼편으로 여느 카페와는 그 분위기가 사뭇 다른 카페 하나가 자리를 잡고 있다. 바로 '북카페'이다. 북카페는 요즘 젊은이들 사이 유행하는 카페 아이템 중 하나로 떠오르고 있다. '홍대 하면 클럽'으로 고정되었던 인식이 이제는 '홍대 하면 북카페'라는 말이 나올 정도이다. 아직까지 클럽만큼 붐비는 것은 아니지만 홍대거리 문화의 한 축을 만들어 가고 있다.

간판 앞쪽에 '콤마'가 그려진 북카페 카페꼼마는 그 상호부터가 참신하다. 하루 평균 400~500여 명 정도가 방문하는 거리 명소다. 수천 권에 달하는 도서를 구비한 카페로 이전에 실험적으로 운영했던 북카페들과는 다르다. 인기가 좋아서 벌써 홍대입구역 앞에 2호점을 개점하였다.

여느 카페와 비슷한 분위기를 풍기지만 2층은 되어 보임 직한 높은 층고

문학동네에서 운영하는 북카페, 카페꼼마

에, 도서관 서가의 한 면을 그대로 옮겨 놓은 듯한 인테리어는 방문객들의
시선을 사로잡는다. 족히, 5m는 되어 보이는 서가에 칸칸마다 차곡차곡 진
열된 도서들을 보는 것만으로도 즐거운 일이다. '카페 속 작은 도서관'이라
고 불리는 북카페는 거리를 걷는 누구에게나 잠시 들러 차 한잔의 여유 속
에서 독서 삼매경에 빠져 보고 싶은 충동이 들게끔 만든다.

1990년대 초 북카페의 형태가 단순하게 책+카페였을 당시에는 끌리는
책이 별로 없다는 아쉬움이 있었는데 이곳에서는 잘 알지 못하는 책에도
저절로 손이 간다. 맛깔나는 온갖 분식을 올려 식객들의 구미를 당기는 포
장마차처럼 독서가들의 손길을 기다리는 도서들이 모여 있는 좌판도 열렸
다. 책의 디자인에 이끌려 몇 장 펼쳐보다 보면 금세 마음에 드는 책을 만나

게 되는 설렘도 있다.

북카페라고 해서 모두가 반드시 책을 읽는 것은 아니다. 일반 카페와 같이 다양한 종류의 커피가 판매되고 있어 커피 한잔 마시면서 담소를 나눌 수 있다. 북카페라고 해서 도서관처럼 조용하다거나 무언가 불편한 공간이 아니다. 책을 보면서 마음껏 이야기를 나누며 즐길 수 있는 휴식 공간인 셈이다. 어쩌면 조금은 자유로운 분위기에서 공부하기를 즐기는, 요즘 젊은이들의 취향에 잘 맞는 듯싶다.

서가에 다가가 어떤 책들이 있는지 제목 하나하나를 주의 깊게 읽어 내려 간다. 삶에서 책 읽는 여유만큼이나 행복한 일이 또 있을까? 마음에 드는 책 한 권을 꺼내 한 장 한 장 넘겨 가는 순간 마음은 차분히 가라앉고 편안해진다. 마음에 드는 책 한 권을 골라 빈자리를 찾아 앉아서 책을 편다. 커피 한 잔과 한 권의 책으로 잠시 삶의 작은 여유를 즐겨 본다. 자유로운 분위기 속에서도 서로를 배려하는 마음이 느껴진다

출판사의 새로운 문화 마케팅, 북카페가 성공을 이끌다

북카페는 홍대거리 문화를 새롭게 도약시킬 원동력이다. 아직은 미약하지만 지성인들 사이에서 일고 있는 작은 움직임 하나하나가 홍대거리의 문화를 조금씩 변화시켜 나갈 것이다.

사실 홍대거리에서 북카페가 문을 열게 된 배경에는 출판사들의 힘이 무척 컸다. 최근 출판 시장이 침체된 상황 가운데서도 출판사들이 이를 극복하고자 자구책의 일환으로 문을 열게 된 것이다. 초기에는 독자들과 소통하고 마케팅 효과를 살린다는 측면이 강했지만, 지금 북카페는 개별 출판

사의 마케팅 효과뿐만 아니라 홍대에 새로운 문화를 불어 넣는 주체가 되고 있다. 더불어 수익도 창출하고 있다. 그 효과로 인해 2년 사이에 지하철 2호선 홍대입구역과 합정역, 그리고 6호선 상수역의 서교동과 동교동 안에 10여 곳이나 자리를 잡았다.

2011년 후마니타스의 책다방과 문학동네의 카페꼼마가 문을 연 이래로 문학과지성사의 문지문화원 사이(KAMA), 자음과모음의 자음과모음, 창비의 인문카페 카페창비 등이 선보였다. 그리고 최근에는 24시간 북카페도 출현하였다. 다산북스의 24시간 북카페 나와 나타샤와 흰 당나귀가 문을 열었다. 일명 '나나흰'이라고 부른다.

2000년대 초 서울 등지의 출판사들은 파주의 출판단지로 이전하면서 하나의 클러스터로 자리 잡아 갔지만 최근에는 젊은 독자들과 가까이 하기 위해 이곳으로 되돌아오는 경우가 적잖다. 출판사로서의 시장 접근성이 좋고,

홍대입구역 주변에 크고 작은 북카페가 10여 곳이나 자리 잡고 있다.

카페와 연계하여 마케팅 효과를 살릴 수 있기 때문이다. 자음과모음, 창비, 후마니타스 등이 그렇다. 인문카페 창비는 출판사 행사와 시민단체 모임, 인문학 소모임 등을 이곳에서 진행하고 있다. 독자들과 함께 소통하며, 감성을 자극하고 있다.

마을에 하나쯤은 있었던 동네 서점이 자취를 감춘 지 오래다. 심지어 대도시에 있었던 대형 서점들까지도 문을 닫고 있을 정도로 오프라인 출판 시장은 점차 그 입지가 줄어들고 있다. 이런 상황에서 홍대거리에 북카페의 출현은 출판업계의 새로운 도전이라고 볼 수 있다. 아직 그 성패를 판가름하기는 이르지만 분명한 것은 북카페가 홍대거리를 새롭게 변화시켜 나가고 있고, 이러한 변화가 점차 그 주변으로 파급되어 가고 있다는 사실이다.

마포에 둥지를 튼 인문카페 카페창비

세교연구소라는 이름으로 홍대거리에 조그맣게 자리 잡고 있던 까페창비는 지금은 망원동 창비서교빌딩으로 옮겨 제법 큰 규모를 갖췄다. 출판사 창비에서 운영하는 북카페다. 창비는 1974년 '창작과 비평'이라는 이름으로 시작한 출판사로 황석영의 『객지』, 리영희의 『전환시대의 논리』, 홍세화의 『나는 빠리의 택시운전사』 등 다수의 베스트셀러를 출간하였다. 파주에 출판사를 두고 있지만 독자들과 더 가까이에서 만나기 위해 마포에 새로운 출판 문화의 장을 만들었다.

하얀 외벽은 주변 분위기를 밝게 만들어 주고, 확 트인 1층은 모던한 인테리어가 돋보인다. 한쪽 벽면은 전면 창으로, 따스한 분위기도 함께 연출

지리교사의 서울 도시 산책

출판사 창비의 인문카페, 까페창비

된다. 카페 내부는 계단 형태의 나무 데크를 만들어 방문객들의 시선을 편하게 해 준다. 커피 한잔 마시며, 책을 보던 기존의 북카페에 '베이커리'라는 아이템을 더했다. 창비에서 출간된 1500여 종의 책들이 진열되어 있고 서가에서 자유롭게 원하는 책을 꺼내 볼 수 있다. 카페 한쪽 구석은 책을 읽거나 공부를 할 수 있는 공간으로 구성했고, 지하도 스터디나 세미나를 열 수 있는 회의실로 구성하였다. 카페 공간 외에도 빌딩 2층은 대회의실, 지하 1층은 스튜디오, 녹음실, 지하 2층은 강의실 등 커뮤니티 공간으로 구성하였다. 각각의 장소는 저자 사인회나 세미나, 토론 등 행사의 장소로 활용되고 있다.

정확히 말하면 창비는 북카페가 아니라 인문카페다. 처음 인문카페라는 말을 듣는 사람들은 조용히 진열된 책을 읽거나 노트북을 놓고 작업을 하는 북카페의 분위기를 떠올리는 경우가 많다. 하지만 인문카페는 북카페의 분위기와는 사뭇 다르다. 종이 한 장 넘기는 것조차 조심스럽다. 책을 읽고 함께 담소를 나누며 토론하는 문화가 인문카페만이 보여 주는 매력이다. 이야기를 나누고, 차를 마시고, 음식을 맛볼 수 있으면서도 독서를 하기에 문제가 없다. '인문카페가 이런 것이구나!'를 보여 주는 무대가 까페창비다.

　토크 콘서트, 작가와의 만남, 공개 포럼, 세미나 등의 행사가 열리는 카페 풍경이 새롭고 흥미롭다. 홍대 인근에만 수십여 개의 북카페가 모여 있다. 이들 북카페들은 자신만의 독특한 아이템으로 각각의 문화를 형성해 왔다. 출판 기업 위즈덤하우스가 운영하는 빨간책방은 도서 팟캐스트로도 잘 알려진 곳이다. 다산북스에서 운영하는 나와 나타샤의 흰당나귀는 라디오 공개방송과 인문학 강의 등을 여는 문화 공간으로, 이소영·오상진 아나운서 부부의 당인리책발전소는 부부가 직접 읽어 본 도서를 추천하고 판매하는 아이템으로 승부하고 있다. 홍대에 어울리는 책과 스튜디오를 함께 운영하는 '땡스북스', 심야 독서클럽을 운영하는 '북티크', 시집 전문 서점인 '위트 앤시니컬' 등의 독립 서점도 독자적인 아이템으로 홍대 북카페 문화를 만들어 가고 있다.

창비에서 출간된 1500여 종의 도서가 전시된 북카페,
카페창비

빨간책방

당인리책발전소

홍대거리 주변의
새로운 명소 탐방

홍대거리를 벗어난 신명소 탐방

일반적으로 홍대거리라고 하면 서교로, 홍익로, 어울마당로, 클럽거리, 피카소거리 등을 일컫는다. 모두 홍익대학교 가까이에서 오랜 명소로 자리 잡았던 곳이다. 홍대거리의 인기가 높아지면서 상권이 확대되어, 이들 거리 외에도 홍대 주변에 새롭게 떠오르고 있는 명소들이 있다.

첫 번째 거리는 산울림소극장 옆길인 다복길이다. 대중들에게 '커피

홍대 중심을 벗어난 신명소, 커피프린스길

지리교사의 서울 도시 산책

프런스길'로 더 많이 알려진 거리다. 2007년 MBC 드라마 〈커피프린스 1호점〉의 촬영지로서 드라마의 성공과 함께 엄청난 인기를 얻었다.

두 번째 거리는 합정동 카페골목이다. 합정역부터 시작하여 상수역 근교까지 이어지는 가로수 길이다. 2008년 이후 카페들이 하나둘 들어서기 시작하면서 2010년대 이후 카페 거리 명소로 인기를 얻고 있다.

세 번째 거리는 상수동 토정길 주변이다. 이곳도 카페들이 자리 잡으면서 새로운 상권이 형성되고 있는 지역이다.

네 번째 거리는 홍대입구역 1, 2번 출구로 나오면 그 아래 양화로 21길로 이어지는 연남동길이다. 최근에는 옛 경의선 철길을 따라 숲 공원이 조성되어 미국 뉴욕의 센트럴파크를 연상시킨다며 '연트럴파크'라고 불릴 정도로 사랑받고 있다.

한적한 산책 명소, 동교동 가로수길

홍대입구역 1번 출구로 나와 동교로 방향으로 이어진 작은 골목에 들어선다. 월드컵북로 2길, 동교로 등으로 이어진 골목으로 최근 분위기 좋은 카페와 사진관, 미용실, 작업실 등이 들어서 있다. 홍대거리의 분주하고 시끄러운 분위기 속에서 잠시 벗어나 나만의 시간을 갖기 좋은 곳이다.

이곳은 행정구역상 홍대 주변의 서교동이 포함되지 않는다. 1980~1990년대 상도동과 함께 정치 일번지로 군림했던 동교동이다. 동교동이란 세교(細橋)의 동쪽에 위치한 데서 붙여진 이름이다. 세교는 우리말로 '잔다리'라 불렀는데 지금의 도로명인 '잔다리로'에 그 이름이 남아 있다.

동교동 가로수길은 동교로가 월드컵북로와 만나는 지점부터 시작하여,

연남로와 나뉘는 지점까지 500m 정도의 거리다. 계절마다 그 빛을 달리하는 플라타너스 가로수가 어우러진 도심 산책로다. 교동집 앞에서부터 시작해 오른쪽에는 플라타너스, 왼쪽에는 은행나무 가로수가 서로 조화를 이루고 있는 풍경도 이채롭다. 가로수 길 주변으로는 대부분 5층 이

동교동 가로수길

하의 건물들이 이어져 '가로수'와 '건축물'이 서로를 해치지 않는 모양새다. 복잡하고 분주한 홍대거리와는 달리 여유롭고 한가로움마저 느껴진다.

젊은 예술가들의 순수한 열정이 묻어나는 로드숍부터, 아기자기한 베이커리, 감각적인 카페들을 구경하는 재미가 쏠쏠하다. 특히 이곳에 또 하나의 명소가 있다. 5평 남짓한 커피숍 딥커피다. 처음에는 자리도 없는 스탠딩 커피숍이었는데 장사가 잘되어 이곳에 자리 잡게 되었다. 세계 최초로 1리터 용량의 컵을 만들었다는 카페 앞의 설명이 맞는다면, 대용량 커피의 원조 격이다. 커피의 종류도 20여개가 넘는다. 1리터의 커피가 들어간 몬스터 아이스 아메리카노가 잘 알려져 있다. 독특한 아이템을 선호하는 젊은이들 사이에서 금세 입소문을 타고 유명해져 찾아오는 사람들이 많다.

자리도 없는 스탠딩 커피숍이었다가 입점하여 정착하게 된 카페, 딥커피

홍대의 새로운
핫 플레이스
연남동

홍대입구역 3번 출구 연남동 거리

요즘은 골목 시대다. 허름함에 사람들의 방문이 더뎠던 골목이 저마다 이야기와 개성을 입으면서 새로운 핫 플레이스로 떠오르고 있다. 옛 골목에서 풍기는 아날로그 감성에 사람들은 마음의 위안을 얻곤 한다. 홍대거리에도 이런 아날로그적 감성에 현대적인 건축미까지 더해져 핫 플레이스로 떠오른 곳이 있다. 바로 감성 골목, '연남동길'이다. 최근에는 연남동 길 한가운데를 지났던 옛 경의선 철길 자리 위에 '경의선숲길'이 조성되어 인기를 더하고 있다. 뉴욕의 센트럴파크를 빗대어 '연트럴파크'라는 애칭까지 붙여졌을 정도다.

과거 세월의 때가 묻었던 골목으로 이어졌던 연남동, 이곳의 옛 모습을 기억하는 이들은 '기사식당'이나 '중국집', '동진시장' 정도를 떠올리는 게 전부다. 2000년대 초반까지 다세대와 다가구 주택이 다닥다닥 붙어 있던 주택가가 2010년이 지나면서부터 변화되기 시작하였다. 홍대거리의 상권이 연남동까지 확대된 것이다. 급격한 임대료 상승으로 홍대거리에 자리 잡

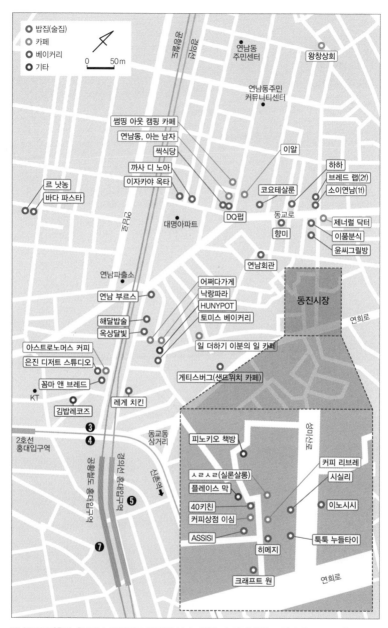

연남동 골목(출처: "꽃미남·꽃할배도 격의없이 노는 쿨한 거리 '연남동'", 조산닷컴, 2015.8.9)

연남동 거리 풍경

지 못했던 상점들이 가까운 연남동으로 유입되기 시작하였다. 독특한 아이템으로 승부를 건 카페와 음식점들이 하나둘 자리 잡으면서 골목의 모습이 바뀌게 되었다. 툭툭누들타이(태국), 베무초칸티나(멕시코), 프랑스포차(프랑스) 등 다국적의 맛집들로 연남동 경리단길이라는 별칭까지도 얻었다. 다국적 요리 외에도 김밥이나 생선 등 우리 입맛에 잘 맞는 분식이나 한식을 전문으로 하는 가게들도 골목길 안쪽 깊숙이 들어와 곳곳에 자리 잡고 있다. 젊은 층을 중심으로 인기를 얻었던 골목은 이제 남녀노소를 불문하고 방문하는 골목 명소로 자리 잡았다. 최근에는 서울을 찾는 외국인 방문객들 사이에서도 필수 방문 코스로 알려져 있을 정도로 인기다.

보물찾기를 즐기는 듯한 미로길

골목 안 주택가 사이사이에 자리 잡은 맛집과 공방을 찾아 나서는 것은 마치 꼭꼭 숨겨진 보물찾기에 나선 것처럼 신이 난다. 동네 안쪽 골목은 그 형태가 변하지 않아서 좋다. 대부분 20~30년 전에 지어진 주택들로 여전

골목길 다세대 주택을 개조한 것 같은 건물의 반지하 층에는 빵집(토미스베이커리)과 아로마 카페(후니팟), 1층에는 펍&레스토랑(퍼블릭601, 신군&신양)이, 2층에는 이 동네에서 '뜨는' 비즈니스로 꼽히는 게스트하우스(갈맥이둥지)가 옹기종기 자리 잡고 있다.

히 그 때가 묻었다. 골목은 승용차 한 대 정도가 간신히 지나갈 수 있을 정도로 비좁다. 마치 '한 지붕 세 가족'처럼 다세대 주택 하나에도 카페, 식당, 공방 등 각각의 개성이 담긴 상점들이 옹기종기 모여 있다. 낡은 주택의 외관은 이들 상점들이 들어오면서 새 옷으로 갈아입었다.

반지하층에는 빵집(토미스베이커리)과 아로마 카페(후니팟)가, 1층에는 펍&레스토랑(퍼블릭 601, 신군&신양)이, 2층에는 이 동네에서 '뜨는' 비즈니스로 꼽히는 게스트하우스(갈맥이둥지)가 한 지붕 아래 자리 잡은 골목 풍경이 이채롭다.

새로운 것을 지향하는 개성 강한 젊은이들이 모인다는 일명 '힙플레이스' 답게 다양한 아이템들이 이 거리에서 승부를 펼치고 있다. 매주 식단이 바뀌는 음식점 오늘도쉼표, 테이크아웃 컵 스테이크 전문점인 스테이크보스와 핸드스테이크, 디자인 스튜디오 FAB, 선글라스 전문점 아이케처, 테이크아웃 맥주 전문점 비어투고, 건어물 안주를 선보이는 술집 건어물녀 등 장르와 종목이 다양하다. 경의선 숲길 초입에 위치한 빵꼼마는 유기농 베

연남동. 홍대 뒷골목에서 아날로그적인 감성을 느낄 수 있는 곳이다.

정현주 작가가 직접 운영하는 독립 서점 리스본

다국적 음식들 외에도 김밥 등의 분식이나 한식 가게들도 골목길 안쪽으로 속속 들어와 자리를 잡고 있다.

홍대거리.. 젊음아 모여라, 우리들의 거리로…

이커리와 북카페라는 아이템으로 큰 인기를 얻고 있다. 우리밀과 국내산 소금, 공정무역인증 사탕수수 원당을 사용해 만든 빵으로 젊은 고객 층을 사로잡고 있다.

방송에도 소개되어 많은 사람들에게 알려진 프랑스요리 전문점 프랑스 포차도 이 거리에 있다. 프랑스와 독일의 국경 지역인 알자스 지방의 전통 음식으로 2000년부터 프랑스인이 가장 좋아하는 요리 베스트 10에 꾸준히 오르고 있는 슈크르트가 이 식당의 대표 음식이다.

공유 경제의 현장 어쩌다가게

마당이 있는 2층 가정집을 리모델링해서 복합 매장으로 바꾼 그 실험 무대가 바로 어쩌다가게다. 상호부터 개성 있는 이 가게는 최근 핫이슈로 부각되고 있는 '공유 경제'의 실험 무대다. 홍대에서 카페를 운영하고 있는 건축가 임태병이 제안하고 디자이너 안군서에 의해 진행된 프로젝트의 결과이다. 건물을 쪼개 서로 커뮤니티를 형성하고 보유한 콘텐츠를 방문객들에게 선보이도록 구상하였다. 정원과 라운지 등을 공유하고, 5년간 월세 동결이 보장되어 있다. 현재 이곳에는 8개의 상점과 작업실이 함께하고 있다. 1층에는 조각 케이크 공방 피스피스와 서점 별책부록, 수제화숍 아베크, 싱글몰트 위스키바 엔젤스쉐어가 입점해 있고, 2층에는 예약

젊은 열정이 모인 공유 경제의 현장, 어쩌다가게

지리교사의 서울 도시 산책

제 1인 미용실인 바이더컷과 실크 스크린 작업실 에토프, 초콜릿 공방 비터스윗나인, 꽃집과 핸드메이드 소품 스튜디오 아스튜디오가 입점해 있다. 1층 라운지와 정원을 공유하면서 방문객들은 자연스럽게 이곳을 돌아보게 되고, 구매와 소비로 이어진다. 공간을 공유하는 공유 경제 실천의 장이다.

공유 공간은 주변으로 서서히 전파되어 가고 있다. 같은 형태는 아니지만 공간과 제품을 공유하는 사례들이 늘어가고 있기 때문이다. 한편으로는, 공유 경제를 실현하기 위한 목적으로 조성된 공간에서 서로의 이해관계로 인해 갈등이 생기지는 않을까 하는 걱정이 앞선다. 부엌이나 거실, 마당 등을 함께 사용하는 공유 주택에서 이미 이와 같은 문제가 발생하고 있기 때문이다. 분명히 충분히 발생할 것이 예상되는 문제임에도 불구하고 혹자들은 당장 그럴듯한 의미를 부여하며 이를 소개하고 중요한 이슈로 강조하고 있다. 눈앞의 이익이 머지않은 미래를 가려 어떤 일이 벌어지게 될지에 대한 고민이 필요한 상황이다.

연남동의 맛 명소, 오랜 전통의 중국 요리 전문점

지하철 2호선 홍대입구역에서 2번 출구로 나와 동교로로 가면 기사식당촌이 나오고, 이 거리 끝에서 오른쪽 길로 들어서면 오래전부터 이곳에 자리 잡은 중국 음식점들이 있다. 연남동 골목을 중심으로 서울의 다문화 마을 중 하나인 중국인 마을이 형성되어 있다. 현재 대략 3500명의 중국인들이 이곳에 거주하고 있다. 이곳이 정통 중국음식의 맛을 즐길 수 있는 연남동 중국음식거리다. 작가 조경구는 『차이니즈 봉봉 클럽』이라는 책에서 연남동을 성스러운 중화요리의 성지라고 표현하기까지 하였다. 이 연남동길

3대째 내려오고 있는 만두 노포, 향미   사천요리 전문점, 구가원

을 따라 연희동 삼거리까지 중국음식점이 열여섯 곳이나 자리 잡고 있다.

가장 먼저 만날 수 있는 명소는 향미다. 3대째 내려오는 만두 전문점으로 왕만두가 유명하며, 메뉴도 참 간단하다. 중국사람들이 더 찾는 정통 중국음식집이다. 하지만 이곳의 메뉴는 한국인의 입맛에도 아주 잘 맞는다. 향미 바로 옆에 있는 구가원도 빼 놓을 수 없다. 대만 교포 3세이자 화교연합회 회장이 운영하는 중식당이다. 이곳은 매운맛을 자랑하는 사천요리 전문점이다. 유니짜장, 족발냉채, 중국식 꽃게찜, 꿔바로우가 유명하다.

구가원 건너편으로 하하가 자리 잡고 있다. 하하는 입 구(口) 변에 합(合)자를 합해 만든 조어라고 한다. 하하는 중국 만두 전문점으로 왕만두, 물만두, 포만두, 군만두가 인기 메뉴다.

이 외에도 이화원, 방송을 통해 유명해진 이연복의 목란도 연남동에 위치하고 있어 연남동의 맛 명소라 할 만하다. 새로 들어서는 음식점들 사이에서 수십 년 이상을 이곳에서 운영해 온 중식 노포다. 핫 플레이스가 된 연남동에서 그 맛이 지워지지 않길 바란다.

                지리교사의 서울 도시 산책

도시재생으로 탈바꿈한 예상촌 '땡땡거리'

▲ 재생으로 탈바꿈한 땡땡거리

서교동과 동교동 그리고 합정, 상수, 연남동 일대에 약 1900개의 출판사와 50개의 인쇄소가 집중되어 있다. 출판 특화 지역인 마포구는 이런 특색을 반영해 폐선된 경의선 철길 위에 시민들이 책을 접하고 쉴 수 있는 공원을 조성하였다.

와우교 아래 경의선이 다니던 철길로 기차가 지날 때 건널목 차단기가 내려지고 땡땡 소리를 울렸다고 해서 땡땡거리로 불렸다. 철길을 따라 약 200m 정도 이어진 작은 골목길이었다. 바로 음악과 미술로 대표되는 홍대문화의 발원지로 알려진 곳이다. 낡고 허름한 골목을 따라 국내 인디밴드 1세대들이 연습하던 창고와 작업실이 남아 있다.

'예상촌(藝商村)'이란 '재주를 헤아리는 마을'이란 의미다. 그 이름은 예술인들이 마지막 남은 땡땡거리를 지키자는 취지로 만든 것이다. 기차가 지나가면서 가장 시끄러웠던 철길은 이제 공원으로 바뀌면서 가장 분위기 좋은 곳이 되었다. 이제는 경의선숲길로 불리며, 연남동까지 이어져 책거리를 형성하고 있다.

도시 산책 플러스

교통편

1) 승용차 및 관광버스
- 승용차: 홍익대학교 정문 또는 홍대입구역(걷고싶은거리 노상 공영주차장 이용)
- 관광버스: 홍대입구역 ③·⑨번 출구 또는 홍익대학교 정문

2) 대중교통
- 지하철: 2호선 홍대입구역–①·②번 출구(동교동 방향), ③(연남동 방향), ⑤·⑥(김대중 도서관 방향), ⑦(땡땡거리 방향), ⑧·⑨(홍대거리 방향), 경의중앙선 가좌역–①·④(연남 동 방향)
- 버스: 마을버스(마포06, 마포09, 마포15, 마포16), 좌석버스(921), 간선(271, 602, 603, 760), 지선(5712, 5714, 6716, 7016, 7711, 7733), 광역(1000, 1100, 1101, 1200, 1300, 1301, 1302, 1400, 1500, 1601, M6117, M6118, M6628, M6724)

플러스 명소

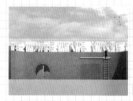

▲ 책 조형물
와우교에 '시민이 사랑하는 책 100선'이 새겨진 조형물. 책을 통해 새로운 세상을 만나듯 와우교를 지나면 책의 세계가 열린다는 취지로 조성함.

▲ 합정역 거리
한강변을 따라 30여 개가 넘는 카페가 자리해 있는 카페 밀집 지역. YG, 스타제국 등 10개 이상의 엔터테인먼트 회사와 메세나폴리스 등이 위치함.

▲땡스북스
2011년 문을 연 책방 겸 카페, 베스트셀러보다는 편집이 창의적인 책 위주의 큐레이션. 문화 예술계 인사들도 종종 찾는 명소임.

산책 코스

◎ 홍대역 ⋯ 양화대로 드러그스토어 ⋯ 어울마당길 1 ⋯ 어울마당길 2(서교 365) ⋯ 어울마당길 3(북 카페 거리) ⋯ 홍익로 ⋯ 와우산로 ⋯ 동교동 가로수길 ⋯ 연남동

연계 산책 코스

1) 역사 산책: 양화진 외국인 선교사묘원, 안산, 한누리 역사문화 학교
2) 도시 산책: 월드컵공원(평화공원, 하늘공원), 망원한강공원, 신촌·이대거리, 홍익대학교, 선유도 공원

맛집

1) 홍대거리
- 도로명: 어울마당로
- 맛집: 달수다, 미미네, 홍대조폭떡볶이, 매직큐브, 쉐레페
2) 동교동
- 도로명: 세정검로 3길, 세검정로 1길
- 맛집: 플레이, 치타슬로, 이스뜨와르당쥬, 더옐로우, 돌꽃
3) 연남동
- 도로명: 동교로 29길, 연남로
- 맛집: 프랑스포차, 토미스베이커리, 베무초칸티나, 툭툭누들타이, 향미, 구가원, 이화원

참고문헌

김해경·박영경, 2013, 삼청동길, 신사동 가로수길, 홍대거리 지역 색채에 관한 연구: 지역
　　문화적 성격의 인공물을 중심으로, 한국색채학회 학술대회.

두영석, 2013, 홍대앞 '서교365' 지역 상업가로의 활성화를 위한 입체적 공원 설계: 파라
　　메트릭 소프트웨어에 의한 형태 도출, 홍익대학교 대학원 석사학위논문.

박진호, 2010, 지역 문화를 고려한 홍대 클럽기념관 계획안: 프로그램과 공간대응에 관한
　　연구, 건국대학교 건축전문대학원 석사학위논문.

신정란, 2010, 홍대지역의 장소성 형성에 있어서 인적요인의 영향에 관한 연구: 홍대지역
　　의 젊은 방문객을 대상으로, 한양대학교 도시대학원 석사학위논문.

안영라, 2009, 클럽문화의 텍스트성과 실천성: 홍대 클럽문화를 중심으로, 고려대학교 대
　　학원 석사학위논문.

오아름·김신원, 2012, 가로경관 색채특성분석을 통한 개선 방안에 관한 연구: 홍대 걷고
　　싶은 거리의 색채를 중심으로, 디지털디자인학연구, 12(3), 105-114.

이나라, 2010, 콘텐츠를 이용한 대중문화벨트화 방안 연구: 마포·홍대 문화 Zone을 중심
　　으로, 단국대학교 대학원 석사학위논문.

이남휘, 2011, 장소성 형성요인간의 인과구조 분석에 관한 연구: 서울 홍대지역을 대상으
　　로, 한양대학교 대학원 석사학위논문.

이형엽, 2012, 블로그 매체 분석을 통한 현대 소비문화의 공간적 특성에 관한 연구: 홍대
　　지역을 중심으로, 서울대학교 대학원 석사학위논문.

강남거리

강남스타일을 찾아서, 압구정·청담·신사

서울특별시의 자치구 중 하나인 강남구, 알고 보면 국내총생산(GDP)의 6%나 책임지는 우리나라 경제의 중심지다. 금융기업과 IT기업들이 집적하는 창조산업의 중심지이자, 무역의 중심지이다. 왕복 10차선이 넘는 강남대로와 테헤란로가 서로 가로지르고, 고층 빌딩군은 거대한 스카이라인을 이룬다. 대규모 광역버스 노선이 연결되는 환승역인 강남역 주변은 최대의 유동 인구를 자랑한다.

2012년 한국관광공사 주관으로 77개국 1500여 명을 대상으로 진행된 설문 조사 중 약 92%가 "강남스타일" 뮤직비디오를 보고 한국에 가고 싶어졌다고 했을 정도로 강남의 국제적 위상은 높아졌다.* 일본인들은 신사동 가로수길, 최근 급증하고 있는 중국과 동남아시아인들은 압구정동, 미국과 유럽인들은 롯데월드를 각각 선호하였다. 젊음의 상징이자 쇼핑과 관광의 천국, 대한민국 젊은이들의 문화를 대변하는 장소로 알려진 강남, 이제 강남은 우리들만의 공간이 아니다. 세계의 이목이 집중되는 곳, 더불어 한류 문화의 새로운 중심지로 우리나라의 대표 관광지로 급부상했다. 수도 서울만큼이나 유명해진 세계인들의 명소 강남으로 산책을 떠나 본다.

---

* 강남에 오면 가장 하고 싶은 일로는 한식 맛보기, 명품거리에서 쇼핑하기, 스파·미용 체험하기, 클럽 가기 등이 있다.

강남의 스카이라인
형성기

핫 플레이스 강남역

"강남스타일"의 인기는 '강남 관광'이라는 새로운 문화 아이템을 창조해 내었다. 한국관광공사와 강남구청은 강남 관광을 한류 열풍으로 이어가기 위해 다방면으로 지원하며 노력해 가고 있다. 그 일환으로 한국관광공사는 강남 홍보물을 배포하고 온라인에서 다양한 행사를 펼치며 강남 알리기에 가장 적극적인 행보를 펼치고 있다. 아시아에 불었던 한류 열풍은 이제 전 세계 곳곳에 거대한 파도처럼 일렁이고 있다. 한류는 단순히 우리나라의 연예인이나 방송 프로그램 자체의 인기를 넘어서 한국의 패션과 디자인, 음식과 장소, 그리고 이를 아우르는 한국의 문화에까지 뻗어나가고 있어서 그 영향력은 점점 커지고 있으며, 무엇보다 한국에 대한 관심이 한국 관광으로 이어지고 있다는 데 큰 의미가 있다.

수십만 명의 유동 인구를 자랑하는 강남거리에서는 외국인 방문객도 심심찮게 볼 수 있다. 2010년대 초반까지 일본과 중국 방문객이 대부분을 차지했던 강남거리는 한류 열풍이 전 세계적으로 확대되면서 아시아 전역은 물론, 유럽과 북미에서 온 방문객으로까지 범위가 확대되었다.

강남대로 양쪽으로 위치한 유명 어학원들

　　바둑판처럼 사방팔방으로 곧게 뻗은 직교형 도로를 따라서 고층건물들이 스카이라인을 형성한다. 강남역은 수도권 광역버스 노선과 승객이 가장많은 곳이다. 그만큼 상권의 배후지가 넓다는 의미다. 서울은 물론, 성남,용인, 수원, 화성 등 수도권 남부 지역을 거대 배후지로 하고 있다. 외국 방문객들은 강남역 버스 정류장에서 사람들이 줄을 서서 기다리는 모습이 인상적이라고 설명할 정도다. 강남대로의 중심, 강남역은 서울에서 단연 으뜸인 유동 인구를 자랑한다. 서울에서 가장 붐빈 지하철역은 역시나 2호선 강남역이 차지했다. 2015년 연간 7465만 명, 하루 평균 이용객이 20만4500명*으로 19년 연속 1위를 고수해 오고 있다.

---

* 서울시 교통카드 데이터 분석 자료에 의하면 2011년 7052만 명, 2014년 7662만 명으로 매해 증가하였다. 강남역 빌딩 매물 시세는 3.3m²당 5억 원 안팎으로 명동(공시지가는 3.3m²당 3억 원이지만 실질 거래는 5억 원 안팎으로 추정)과 비슷하다(일요시사, 2016.11.15. 기사 인용, http://www.ilyosisa.co.kr/news/articleView.html?idxno=114981).

강남역은 하루 평균 이용객이 13만 745명에 달해 수도권 최대의 유동 인구를 자랑한다.

강남대로 일대에서 가장 눈에 띄는 것은 대기업과 금융 업체들이 들어선 고층 빌딩 숲의 1층을 점유하고 있는 커피 전문점들이다. 커피 전문점의 인기는 강남역에서도 예외일 수 없다. 강남역은 프랜차이즈 커피 전문점들이 가장 먼저 입지를 선점하는 곳으로 명성이 자자하다. 이에 못지않게 강남역에서 논현역 사이의 고층 빌딩숲에는 병원도 많다. 성형외과부터 시작해 피부과, 치과, 안과 등 많은 병원이 있는데 미용과 관련된 병원이 대부분이다. 병원 간판들이 들어선 빌딩 사이로는 대형 어학원과 영화관도 들어서 있다. 강남역 일대를 찾는 이유도 각양각색인 듯하다. 출퇴근 시간이면 정장 차림의 직장인들, 학원에 가는 대학생들과 취업 준비생들, 성형외과나 뷰티숍을 방문하는 이들로 붐빈다. 평일 오후나 주말이 되면 강남역은 쇼핑과 유흥을 즐기기 위해 방문한 젊은이들로 불야성을 이룬다. 금융기관과 기업의 본사가 자리한 강남은 카페, 패션숍, 뷰티숍, 성형외과, 학원, 유흥에 이르기까지 없는 게 없는 별천지다.

국내 최고의 상권을 명동과 함께 양분하는 강남역 상권은 창업률 못지않게 폐업률 또한 높다. 거대 자본이 투입되면서 거리는 대기업의 패션 매장과 프랜차이즈 카페의 무대가 되었지만 골목 상권은 젊은 창업가들로 붐빈다. 특히 중국을 비롯해 여타 아시아 방문객에 대한 의존도가 높은 명동 상권에 비해 그 다양성이 높아 성장 동력이 뛰어나다. 머지않아 명동 중심의 지가 및 임대료를 뛰어넘어 국내 최대의 상권으로 부각될 것으로 조심스럽게 예견해 본다.

벤처 기업의 산실에서 스타트업 지원의 무대로… 테헤란로

국내에서 가장 많은 사람들이 직장을 두고 있는 곳이 강남구다. 더불어 근무하고 싶어 하는 곳이기도 하다. '2010년 인구주택 총조사'에 따르면 2010년 전국의 취업자 2250만 명 중 강남 근무자가 67만 4000명으로 전국 기초자치단체 중 으뜸이었다. 뿐만 아니라 수도권 대학생 중 약 32%의 학생이 직장의 위치로 강남을 선택했을 정도로 인기가 높다.

강남역의 세로축이 강남대로라면, 그 가로축을 담당하고 있는 것은 테헤란로로, 강남역 사거리에서 탄천 삼성교에 이르는 연장 3.9km의 도로다. 1972년 인근 선정릉에 세 개의 봉분이 있다고 해서 '삼릉로'라는 이름이 붙여졌다. 1977년 서울과 이란의 수도 테헤란이 우의를 다지기 위해 서로의 도시의 도로에 수도 이름을 붙이기로 하면서 '테헤란로'라는 이름이 탄생하게 되었다. 1970년대는 영동 개발로 인해 강남 인구가 증가할 때였지만 테헤란로 주변에는 아무것도 없었던 시점이었다. 테헤란로가 성장하기 시작한 것은 1982년 지하철 2호선 종합운동장과 교대 구간 개통 이후 1984년 을지로 순환선이 모두 개통되면서부터다. 강북 지역에 사무실 용도의 건물이 부족했기에 기업들은 대안으로 강남을 선택하게 되었고, 역세권을 중심으로 고층 빌딩들이 들어서게 되었다. 신성통상, 한일시멘트 등이 이곳에

이란의 수도 이름이 붙여진 거리 테헤란로는 1990년대 '닷컴 신화'의 산실이었다.

사옥을 건설했다. 1988년 서울올림픽이 잠실에서 열리게 되면서 테헤란로 주변에는 무역센터인 트레이드타워, 르네상스호텔과 인터컨티넨탈호텔 등이 들어서게 되었다.

1990년대에는 정부가 이 지역을 중심 상업 지역으로 지정하면서 경제 및 금융의 중심지로 변화되기 시작하였다. 포스코를 비롯해 크고 작은 기업들의 본사가 이곳에 자리를 잡았다. 한글과컴퓨터, 안철수연구소, 두루넷, 네띠앙 등 소프트웨어 및 정보통신 벤처 기업이 이곳을 터전으로 잡아 성장하였다. 1997년부터는 벤처 기업특별법이 제정되면서 IT '닷컴신화'를 이끌어갈 수 있게 되었고, 야후코리아와 한국 IBM 등 외국계 기업들도 속속 문을 열었다. 2000년대 초반까지 지속적인 성장을 이루었던 테헤란로는 스타타워, GS강남타워, 동부금융센터, 현대산업개발, 메리츠타워 등이 들어서면서 스카이라인이 형성되었다. 이후 경기 침체와 '닷컴버블' 붕괴로 IT

지리교사의 서울 도시 산책

강남의 세계문화유산 선릉·정릉

조선 9대 임금인 성종과 계비 정현왕후 윤씨의 능인 선릉

선정릉(宣靖陵, 사적 199호)은 강남구 삼성동에 있는 조선 왕릉으로 세계문화유산으로 지정되어 있다. 능이 세 개가 있다고 하여 삼릉공원으로도 불린다. 조선 9대 임금인 성종과 계비 정현왕후 윤씨의 능인 선릉, 그리고 11대 임금 중종의 능인 정릉이 있다. 1562년에 문정왕후에 의해 고양 서삼릉에 있던 정릉은 지금의 장소로 옮겨지게 되었다. 중종과 함께 안장되길 바랐던 문정왕후는 풍수상의 문제로 인해 태릉(泰陵)에 안장되어 있다. 임진왜란 당시 왜병에 의해 파헤쳐지는 등 수난을 겪기도 하였지만 굳건히 자리를 지켜 지금에 이르고 있다.

선정릉은 기본적인 구조를 따른다. 악귀를 쫓는 붉은색(紅)과 화살(箭)이 있는 문(門)이라는 뜻의 홍살문, 귀신이 다니는 신도와 임금이 다니는 어도, 제례 공간인 정자각이 일직선으로 배열되어 있고, 그 뒤로는 무인석과 문인석, 망주석과 능침이 배열된 능침 공간이 있다.

11대 임금 중종의 능인 정릉

산업이 재편되면서 벤처 기업들은 다른 곳으로 이전하거나 문을 닫기 시작하였다. 이후 공실률이 늘어가는 시점을 전후로 테헤란로에 금융 기업들이 새로이 터전을 잡기 시작하였다.

2000년대 후반 삼성그룹이 사옥을 건설하면서 다시 활기를 띠다가 2013

년을 전후로 대기업과 대형 IT기업들이 이 자리를 떠나게 되었다. 엔씨소프트가 떠난 자리는 SBI인베스트먼트, 넥슨이 떠난 자리에는 교보생명이 들어섰다.

최근에는 벤처 스타트업을 지원하는 기관들이 이곳을 터전으로 삼아 문을 열고 있다. 2013년 디캠프(D camp)를 시작으로, 2014년 마루180, 2015년 구글캠퍼스 서울, 2016년 D2 스타트업 팩토리 등이 새롭게 문을 열면서 테헤란로는 창업을 지원하는 창업 타운으로 발돋움해 나가고 있다.

넓은 들판에서 아파트촌으로

들판 옆에 현대식 아파트가 자리 잡은 곳, 한 농부가 느긋하게 소를 몰며 밭을 갈고 있다. 놀랍게도 이곳이 30년 전 강남의 모습이다. 그것도 강남구에서 가장 부자 동네로 손꼽히고 있는 압구정동이다. 지금 강남구는 상주인구가 57만 7000여 명(2016년 기준), 연간 외국인 방문객이 250만 명에 달하는, 서울에서 가장 세련되고 매력적인 곳으로 탈바꿈되었다.

서울의 오랜 중심은 종로였다. 조선 시대부터 1960년대까지만 해도 종로구 관내에 위치한 가회동, 명륜동, 혜화동, 동숭동 등이 상류층의 생활무대였다. 1970년대 들어와서는 그 범위가 성북구 성북동과 서대문구 연희동, 용산구 동빙고동으로 확대된다. 1960~1970년대 중앙 정부의 영동개발계획을 통해 현대아파트와 한양아파트가 압구정동과 청담동 일대에 건설되면서 새로운 중심 무대가 형성되었다.

강남 일대의 아파트가 단순한 주거 공간이 아닌 부의 상징 공간으로 변화하면서 부유층들이 앞다투어 이곳으로 들어오기 시작하였다. 당시 강남

개발 이전인 1978년의 강남구 압구정동 풍경. 그로부터 34년 후 면적 40km²에 인구 57만 명이 상주하는 강남은 '한국에서 가장 잘 나가는' 도시로 화려하게 탈바꿈했다(사진 출처: 서울시청 홈페이지)

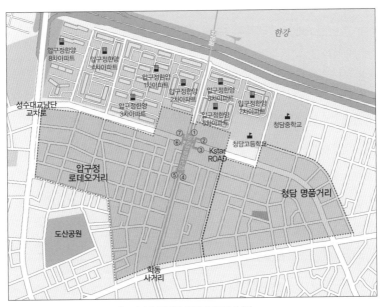

선릉로를 중심으로 압구정 로데오거리와 청담동 명품거리로 나뉜다.

강남거리.. 강남스타일을 찾아서, 압구정·청담·신사

일대 아파트 거주자들은 중산층 이상의 경제력을 가지고 있었고 대졸 이상 고학력과 고소득의 엘리트 집단이었다. 대단위의 아파트 단지가 조성되면서 가까이에 새로운 소비 공간도 급부상하게 되었고, 이로 인해 1980년대까지 반포아파트 상가와 신사시장을 중심으로 소비 공간이 형성되었다.

이후 강남의 주거지가 확대됨에도 수요가 늘어 집값이 상승하였고, 강남의 주민들은 상당한 소비 수준을 갖추게 되었다. 자연스럽게 주변에는 지역 주민의 소비 수준에 맞는 상업과 유흥 공간이 새롭게 형성되었다. 그곳이 바로 청담과 압구정 거리다. 1990년대 부유층의 자녀와 유학을 다녀온 자녀들이 이곳에서 자유롭고 호화스러운 소비 생활을 즐기면서 '오렌지족' ●이라는 신조어를 낳기도 하였다. 기성세대의 가치를 부정하면서 철저하게 개인적이고 향락적인 소비 문화를 보여 주면서 사회 문제로 대두되기도 하였다. 이후 특정 브랜드를 선호하고 소비를 낭비라고 생각하지 않는 X세대●●가 출현하였다. 이들은 청담·압구정 지역을 기반으로 그들만의 문화를 형성하여 지금에 이르게 되었다.

이 지역을 포함하고 있는 강남구의 규모는 39.51km²로 서울특별시 전체의 6.53%에 해당한다. 압구정동, 신사동, 청담동, 논현동, 삼성동, 역삼동, 대치동 등 14개의 법정동과 22개의 행정동으로 구성된다.

압구정 로데오거리와 청담동거리는 행정구역상 서울특별시 강남구 압구정2동, 청담1동, 청담2동을 모두 포함한다. 크게 압구정의 로데오거리와 청담동 명품거리로 구분할 수 있다. 압구정 로데오거리는 압구정동 갤러리아백화점에서 서쪽으로는 강남구청, 남쪽으로는 학동 사거리에 이르는 구간을 말하며, 청담동 명품거리는 갤러리아백화점에서 동쪽으로는 청담역, 남쪽으로는 학동 사거리에 이르는 구간을 말한다.

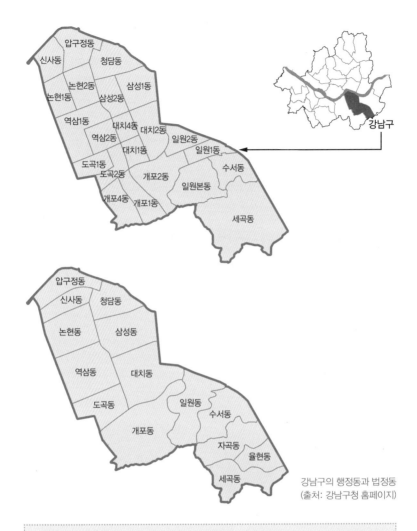

강남구의 행정동과 법정동
(출처: 강남구청 홈페이지)

● 정치·사회적 개방과 기성세대의 한풀이 소비 욕구와 소비를 부추기는 사회 분위기가 한데 어우러진 상황에서 등장한 용어이다. 강남 일대를 돌아다니는 젊은이들이 마음에 드는 이성에게 오렌지주스로 프로포즈를 한다는 데서 비롯된 이름이라는 이야기도 있다(출처: 매일경제용어사전 "오렌지족").

●● 1991년 캐나다 작가 더글러스 커플랜드의 소설 『X세대(Generation X)』에서 유래되었다. 1990년대 중반에 신세대를 이르는 말로 가장 많이 쓰였던 명칭이다. 이들은 물질적인 풍요 속에서 자기 중심적인 가치관을 형성했으며, 처음에는 TV의 영향을 받다가 점차 컴퓨터에 심취하기 시작했다(출처: 정성호, 2006).

신사동은 강남 개발이 진행되면서 1975년 성동구에서 강남구로 편입되었다. 조선 시대에는 나루터가 자리 잡고 있던 곳으로 강북의 한남동과 이어지는 길목이었다. 현재도 강남에서 강북으로 가는 한남대교(1969년)가 위치하고 있다. 일찍이 유흥업소와 상가들이 밀집하면서 다른 지역들보다 일찍 상권이 발달하였다. 1988년 가수 주현미가 발표하여 큰 인기를 끌었던 "신사동 그 사람"도 당시 강남대로 상권과 유흥의 중심지로 성장한 신사동이 그 배경이다.

압구정·청담 일곱 개의 테마거리

현재의 압구정 로데오거리와 청담 명품거리의 상가 건축은 대부분 과거 단독 주택이었던 건물들을 리모델링한 것들이다. 강남 이외 지역에서 주택을 개조해 만든 상가 건축물은 건물 자체도 작고 도로도 협소한 반면, 이곳의 건축물은 규모가 크고, 도로도 넓다. 이는 영동 개발 당시 신규 주택 건물 부지의 최소 면적과 건폐율을 제한하였기 때문이다. 타 지역은 건축법상 거주용 건물 부지의 최소 면적이 약 90m²(27평)인 반면, 이 지역은 최소 면적이 약 165m²(50평)으로 정해졌다. 이렇게 조성된 주택들은 이후 리모델링을 거쳐 디자이너 의상실 등의 패션업체, 스튜디오, 웨딩드레스 숍, 미용실 등이 자연발생적으로 집적하여 압구정·청담을 우리나라의 대표적인 패션거리에 이르게 하였다. 2008년 지식경제부에서는 이곳을 '강남 청담·압구정 패션특구'로 지정하였다. 이 특구는 명품패션거리, 예술의 거리, 연예인의 거리, 웨딩의 거리, 젊음의 거리, 뉴패션의 거리, 카페거리의 7개 테마거리로 조성되었다.

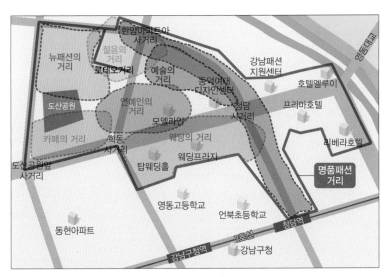

패션특구 지역은 7개의 테마거리인 명품패션거리, 예술의 거리, 연예인의 거리, 웨딩의 거리, 젊음의 거리, 뉴패션의 거리, 카페거리를 말한다(그림 출처: 스카이데일리, 2012년 10월 11일자, http://www.skyedaily.com/news/news_view.html?ID=6213).

고급 아파트와 사교육 일번지

얼마 전 강남 지역의 지가를 주제로 연구 조사가 발표되어 사람들을 깜짝 놀라게 했던 적이 있었다. '강남 집값이 비싼 이유는 교육 때문'이라는 말이 연구 조사 결과 사실로 밝혀졌기 때문이다. 부동산 포털 닥터아파트에 따르면 2012년 8월 기준 아파트 평균 매매가는 강남권(강남, 서초, 송파)이 평(3.3㎡)당 2494만 원으로 강북(1157만 원)의 두 배도 넘는다. 최근 경기 침체로 부동산 가격이 하락하기 전까지 강남구 도곡동에 위치한 타워팰리스는 시가 30억에서 80억에 달하는 고가 아파트로서 아파트가 부의 잣대로 평가받은 대표적인 상징물이 되기도 하였다.

도곡동 타워팰리스

또한 강남 하면 떠오르는 것 중 하나가 사교육의 중심이며, 높은 진학률을 보인다는 점이다. 사교육 일번지라고 불리는 대치동은 입시학원, 재수학원, 어학원, 미술학원, 음악학원, 논술학원, 토론학원, 컨설팅학원 등 1000개가 넘는 사설학원이 총망라되어 있어 거대한 학원가를 형성하고 있다. 서울시교육청 조사에 의하면 강남의 학생 1인당 사교육비는 2009년 기준 50만 2000원으로 서울에서 가장 적은 강북구(15만 5000원)의 3배도 넘는다.

이와 같은 강남의 사교육 열풍은 높은 대학 진학률로 연결되는 것처럼 보인다. 서울대학교 진학률을 보면 서울-지방 못지않게 같은 서울의 강남-비 강남 격차도 크다. 2011년 한국개발연구원에서 조사한 결과로는 고교 졸업생 10,000명당 서울대 진학률은 강남구만 172명으로 서울시 평균인 50.2명의 3배를 웃돌고, 비 강남 지역인 금천구와 구로구(각각 18명)의 10배에 육박한다.

–

오렌지족의 탄생지,
압구정 로데오거리

–

한명회의 정자, 압구정

　압구정(狎鷗亭)이라는 지명에 숨겨진 이야기는 겸재 정선의 『경교명승
첩(京郊名勝帖)』에서 찾아볼 수 있다. 작품은 한강을 유람하다가 잠실 쪽
을 바라보며 그린 것으로 그 안에 그려진 작은 정자가 압구정이다. 압구정
은 조선 시대 세조를 왕으로 추대하고 영의정을 지낸 한명회가 노년에 자
신의 호를 따서 지은 정자였다. 압구정의 압구(狎鷗)는 '갈매기와 친해 가

정선의 『경교명승첩』
「압구정」

깝다'는 의미로, 한명회의 호이다. 조선 시대 압구정은 경기도 광주군 언주면에 속했다. 압구정리는 일제 강점기인 1914년 옥골까지 병합하였다. 이후 1963년 1월 1일에 광주군 언주면에서 서울시 성동구 신사동으로 편입되었으며, 1975년 10월 1일 강남구가 신설되면서 강남구 신사동으로 바뀌었다. 1980년 4월 1일 강남구 신사동에서 압구정동으로 분동되었고, 1988년 7월 1일에는 인구 증가 및 행정적 편의를 위해 압구정1동과 압구정2동으로 분동되었다.

2009년 3월 1일에는 다시 압구정동으로 통합되었다. 면적은 2.53km², 인구는 약 30,000명(2016년 기준)이다. 동쪽의 청담동, 서쪽의 신사동 사이에 위치하고 있으며, 한강 너머 성동구의 옥수동과 금호동을 마주하고 있다. 압구정동은 강남 개발과 함께 조성된 아파트 단지가 지금까지 남아 있는 곳이다. 현대아파트(구 현대아파트, 신현대아파트), 한양아파트, 미성아

압구정 한양아파트

지리교사의 서울 도시 산책

압구정동과 신사동의
법정동(▲)과 행정동(◀)

파트, 대림 아크로빌(구 현대아파트 65동) 등이 대표적이다. 또한 청담동을 상징하는 현대백화점 압구정본점(1985년 개장)과 갤러리아백화점(옛 한화 스토아, 1984년 개장), 그 옆 청담고등학교까지 압구정동에 있다.

현대백화점과 강남관광정보센터

"바람부는 날이면, 압구정동에 가야 한다 사과맛 버찌맛/ 온갖 야리꾸리한 맛, 무쓰 스프레이 웰라폼 향기 흩날리는 거리/ 웬디스의 소녀들, 부띠끄의 여인들, 까페 상류사회의 문을 나서는/ 구찌 핸드백을 든 다찌들 오

압구정 현대백화점

예, 바람불면 전면적으로 드러나는/ 저 흐벅진 허벅지들이여 시들지 않는
번뇌의 꽃들이여/ 하얀 다리들의 숲을 지나며 나는, 끝없이 이어진 내 번뇌
의 구름다리를/ 출렁출렁 바라본다. …"

– 「바람부는 날이면 압구정동에 가야 한다 6」 중에서

시인이자 영화감독인 유하의 시집『바람부는 날에는 압구정동에 가야 한
다』에서 보는 1990년대 압구정동의 모습이다. 명품 핸드백을 들고 있는 '다
찌', 즉 일본 관광객을 상대했던 여성들을 흔하게 볼 수 있는 압구정동을 '욕
망의 통조림'이라고 표현하며 비판하였다. 욕망이라는 미명하에 서구적 생
활방식이 자리 잡아 갔던 압구정동의 변화를 느껴 볼 수 있다.

1990년대 압구정은 현대백화점, 갤러리아백화점 등의 명품점과 현대아
파트, 한양아파트 등의 고가 아파드를 필두로 신문화의 상징적 공간이 되
었다. 1972년 현대건설이 압구정동에 약 13만 2000m² 규모의 대단위 아파

지리교사의 서울 도시 산책

트 단지*를 조성하게 되면서 지역 내 근린상가가 필수적이었다. 1977년 백화점 유치를 추진했지만 경쟁에 뛰어든 업체가 없어 금강개발을 통해 현대건설에서 직접 백화점 사업에 진출하여 문을 연 백화점이 압구정 현대백화점이다. 1985년 12월 드디어 첫 영업을 시작하여 강남 백화점의 역사를 열게 되었다. 개점 당시 국내 최대 규모의 최고급 백화점으로 '명품 백화점'이라는 타이틀까지 얻었다. 강남의 신흥 부촌으로 떠올라 소비의 중심 지역으로 등장하게 되면서 1990년대 갤러리아백화점과 신세계백화점까지 개점하게 되었다. 현대백화점은 상업 지역임에도 불구하고, 특이하게 아파트 지구 내에 포함되어 5층 제한, 용적률 250%라는 건축법의 지배를 받고 있다. 현재 특별계획구역으로 지정되어 증개축을 추진하고 있다.

현대백화점 건너편에는 성형외과, 피부과, 치과 등 수많은 병원들이 자리 잡고 있다. 이들은 한 건물에 자리 잡고 협업하는 미용 전문 병원의 형태로 진화하였다.

현대백화점 주차장 부지에는 강남관광정보센터가 자리 잡고 있다. 가수

압구정에서 5층까지만 허용되어 5층으로 확대되었다.

강남관광정보센터

❶ 강남관광정보센터
❷ 안내 센터
❸ 메디컬 투어 센터
❹ 의료 상담 체험
❺ 한류 문화 투어
❻ 한류 스타와 사진 찍기
❼ 뷰티 숍 체험
❽ 한류 스타 패션 따라해 보기
❾ 한류 드라마 세트 체험

싸이의 "강남스타일"의 인기와 함께 강남이 대한민국의 대표 관광지로 각광받게 되면서 2013년에 그 문을 열게 되었다. 지금은 내·외국인 여행객들에게 강남 관광의 시작을 여는 장소로 자리매김하였다. 이 센터에 들어서면 1층에서부터 관광 안내원들의 안내를 받을 수 있다. 먼저 강남구의 역사와 인문 및 지리적 현황에 대해 안내해 준다. 1층 왼편에 자리 잡은 메디컬 의료 투어에서는 강남구에 위치하고 있는 유명 피부과와 성형외과 및 한방 의료에 대한 안내를 받는다. 업체별로 돌아가면서 간호사 및 직원들이 안내를 하며, 개인 상담을 받아 볼 수 있다. 강남 의료 관광이 인기를 얻으면서 이 코스에 대한 외국인 관광객들의 관심이 높아지고 있다. 계단에는 한류 문화 상품들이 전시되어 있고, 2층으로 올라서면 한류 스타의 실물 사진과 공연 현장이 재현되어 있는 '한류 문화 투어' 코스가 마련되어 있다. 이곳에서는 한류 스타와 사진 찍기, 한류 드라마 세트 체험, 뷰티 숍 체험, 한류 스타 패션 따라해 보기 등의 체험을 해 볼 수 있다. 방문객들은 비록 사진이지만 한류 스타와 함께 찍은 사진을 자신의 메일이나 SNS에 올리며 즐거워한다. 한류 스타의 패션을 따라해 볼 수 있는 프로그램은 매우 인기 있다. 너도 나도 앞장서서 스타들의 옷을 입고 사진을 찍으려고 경쟁하는 듯한 모습이 인상적이다. 이곳에서 한류를 실감하며 감성적 체험을 해 볼 수 있다.

한국의 패션 일번지, 압구정 로데오거리

한양아파트 앞 사거리, 분당선 압구정로데오역 6번 출구로 나오면 압구정로 건너편으로 화려한 갤러리아백화점 서관이 보이고, 압구정로를 따라

새롭게 정비된 압구정 로데오거리

200여 m를 내려가면 한양상가에 다다른다. 이곳에서부터 좌측으로 이어진 골목길, '압구정로 50길'이 1980~1990년대 신 문화를 열었던 '압구정 로데오거리'의 첫 시작이다.

공간적으로는 한양아파트 사거리에서 학동 사거리 입구까지 이어지는 패션 문화의 거리를 말한다. 갤러리아백화점 맞은편 동서로 422m, 남북으로 10~22m로 이어진 ㄱ자 형태의 범위를 갖는다. 이곳은 압구정로데오에 위치했지만 행정구역상 법정동인 신사동에 속한다.

한양아파트와 현대아파트 등 강남 개발로 인해 소득 수준과 소비 성향이 높은 계층이 유입되면서 '고급'의 이미지를 갖게 되었다. 1980년대 유명 디자이너들이 명동에서 이곳으로 무대를 옮기면서 패션 문화를 창조하는 공간으로 발돋움하게 되었다. 의상실과 모델 양성소를 비롯하여, 미용실, 피부 관리실 등이 집중되었다. 1990년대 부유층의 소비 성향은 자녀들에게 영향을 미쳤고, 이들을 일컬어 오렌지족이라고 부르게 되었다. 이들은 기존 세대와는 다른 개성을 표출하며, 독특한 패션 문화를 만들어 내었다. 한국 패션의 일번지로서 외국 브랜드 패션 업체들은 이곳에 파일럿 매장을 운영하면서 성공 여부를 가늠하는 기준으로 삼았다. 이러한 변화들로 인해 이 거리는 미국 캘리포니아주 베벌리 힐스(Beverly Hills)에 있는 세계적인 패션거리인 '로데오거리(Rodeo Drive)'라는 별칭으로 불리기 시작하였다. 문정 로데오, 가리봉 로데오, 목동 로데오 등 서울에만 해도 여러 개의 로데오거리가 있지만 이것은 모두 압구정 로데오거리에서 시작된 것이다. 그만큼 압구정 로데오거리가 우리나라의 패션 문화를 선도하는 창조적 공간이었다는 점을 대변해 준다.

하지만 1990년대 후반부터 신사동 가로수길의 성장과 더불어 압구정 로데오거리는 조금씩 쇠퇴의 기로에 서게 되었다. 2008년 지식경제부에서는 이곳을 '강남 청담·압구정 패션특구'로 지정하여 새로운 도약의 발판을 마련하였다. 신사동 가로수길이 '세상에 하나뿐인 물건'을 창조한다는 전략을 내세운 것에 압구정 로데오거리는 '남이 갖기 힘든 제품'을 창조한다는 고급화 전략으로 맞서고 있다.

젊음의 거리와 뉴패션의 거리

압구정 로데오거리의 메인길인 압구정로 50길에서 선릉로 157길 주변을 일컬어 '젊음의 거리'라고 부른다. 이 거리는 압구정 로데오거리의 한 축으로 1980년대 중반부터 '압구정 오렌지족'과 '압구정 날라리' 등으로 일컬어지는 당대 젊은이들의 문화를 선도했던 공간이었다.

브랜드 패션숍이 입점한 압구정 로데오거리　　　　쇼핑몰 모델 촬영 현장이 펼쳐지는 뉴패션의 거리

소규모 패션숍들이 자리 잡은 뉴패션의 거리

　　현재 이 거리는 컨버스, 게스, 뉴발란스 등 젊은 취향의 브랜드 패션숍이
입점하고 있다. 신사동 가로수길의 인기에 비해 젊음의 거리는 옛 명성을
잃은 지 오래다. 다양한 이벤트 행사와 거리 공연 등을 통해 이삼십대 젊은
이들을 유혹하기 위한 다양한 유인책을 쓰고 있지만 아직은 옛 모습을 찾
아보기는 어렵다. 더구나 로데오거리에 쇼핑을 즐기기 위해 방문하는 이들
은 거의 없어 젊음의 거리라는 이름이 무색할 정도다. 그나마 다행인 점은

지리교사의 서울 도시 산책

한류와 "강남스타일"의 인기로 우리나라 젊은이들의 패션 아이템들을 직접 찾아 나선 외국인 관광객들로 조금씩 그 변화의 움직임이 꿈틀대고 있다는 것이다. 젊은 인파들로 꽉 메워졌던 옛 로데오거리의 풍경을 그려 보며, 다시금 열정이 가득한 젊은이들의 창조적 공간으로 변화되길 기대해 본다.

도산공원으로 가는 선릉로 157길에서 언주로 168길, 선릉로 155길로 이어지는 좁은 골목 사이에는 독자적인 패션 아이템으로 승부를 펼치고 있는 패션숍들이 자리를 잡고 있다. 1990년대 후반 로데오거리의 인기가 시들어 가면서 임대료가 하락하게 되었고, 이것은 젊은 디자이너들에게 로데오로 진출할 발판을 만들어 주었다. 이들은 로데오에서 자신들만의 독자적인 브랜드를 만들어 내면서 이 거리를 변화시켜 나가고 있다.

다세대나 다가구 주택 1층 공간을 개조해 만든 약 33m^2(약 10평) 남짓한 소규모의 패션숍이 골목 곳곳에 100여 개 정도 자리를 잡고 있다. 이들 패션숍은 대부분 인터넷 쇼핑몰을 직접 운영하고 있다. 온라인 판매의 비중이 높아지면서 로데오거리 곳곳은 저절로 상품 촬영의 무대가 되었다. 젊은 디자이너들이 만든 개성 넘치는 패션 아이템을 차려 입은 모델이 포즈를 취하고, 이를 촬영하는 포토그래퍼들의 모습도 로데오의 새로운 풍경이 되었다.

건물 지하나 2층에는 개인 프로필 사진이나 웨딩 사진을 촬영하는 스튜디오들도 입점해 있다. 젊음의 거리, 뉴패션의 거리답게 이곳에 자리 잡은 스튜디오는 항상 활기가 넘친다. 결혼식을 앞둔 예비부부들도 많이 찾는 곳이다. 프로필 사진, 웨딩 사진 등 젊음과 아름다움과 추억을 남기기 위해 분주한 현장은 이곳에 생기를 불어 넣어 준다.

최고의 풍미를 즐길 수 있는 카페의 거리

강남에서 빼놓을 수 없는 것 중 하나가 먹거리다. 먹거리는 단순히 여행에서 허기진 배를 달래는 데에만 목적이 있는 것이 아니다. 그 지역 문화의 한 장면이 먹거리로, 지역 문화 이해의 가장 기본적인 단서가 된다. 강남의 먹거리 문화를 엿볼 수 있는 곳이 바로 압구정 산책의 마지막 코스인 압구정 카페거리에 있다. 이곳의 카페는 단순히 커피 전문점만을 의미하는 것이 아니라 먹거리를 포함하고 있어 특별하다.

카페거리는 압구정 로데오거리 내에서 압구정로 48길과 선릉로 153길이

압구정 카페거리의 주요 방문 명소

지리교사의 서울 도시 산책

압구정의 오랜 카페 명소 달빛술담▲ ▲카페 쿠데타
싸이더스에서 운영하는 두쏠뷰티▼ ▼레스토랑 보나세라

만나는 지점, 도산대로 49길과 도산대로가 만나는 지점을 비롯하여 이 길
과 이어진 작은 골목들과 도산공원 일대까지를 모두 포함한다. 이곳에 들
어선 카페들은 대부분 드라마, 연예 프로그램 등의 방송을 타면서 큰 인기
를 얻었다.

　　로데오거리에서 카페거리로 가는 중간에 언주로 168길, 이곳에서 오랜
명성의 달빛술담이라는 독특한 이름의 카페 하나가 자리 잡고 있다. 달빛

술담은 '달과 빛과 술과 이야기가 있는 곳(달항아리)'이라는 의미로 이곳에서 가장 한국적인 맛과 향을 보여 주는 카페 명소다. 민속주 1호로 지정된 금정산성 막걸리를 비롯하여 『식객』의 저자 허영만이 극찬한 70년 전통의 덕산 막걸리, 유자 막걸리 등을 맛볼 수 있는 막걸리 바이다. 젊은이들이 더 좋아하는 이곳의 막걸리와 분위기는 압구정을 방문한 외국인들 사이에도 인기가 높다.

이국적인 분위기를 풍기는 카페거리에서 한국의 맛과 향, 문화를 즐길 수 있어서 더 좋다. 청담이나 압구정에 한국적 멋이 담긴 전통 카페나 명품 거리라는 장소성을 담아낸 한식 점문점이 좀 더 생겼으면 하는 바람이다.

우측으로 이어진 선릉로 155길을 따라 카페거리 중심에는 또 다른 명소 카페쿠데타가 자리를 잡고 있다. 이 카페는 MBC 예능 프로그램 〈무한도전〉에서 모임 장소로 등장했다. 방송 이후 스무디와 추로스, 아이스크림 등 이곳을 찾는 젊은이들의 발걸음이 끊이지 않고 있다. 달빛술담과는 정반대 되는 이미지로 영국과 미국 도시의 지하 카페에 방문한 듯한 느낌이 든다.

선릉로 155길에서 선릉로 153길로 한 계단 내려와 골목 카페들을 보면서 도산공원 방향으로 이동한다. 200m 정도를 걸어가니 도산공원 서편, 압구정로 46길과 만난다. 두쏠뷰티라는 상호를 단 압구정동의 유명 미용실이 자리 잡고 있는 곳이다. 유명 카페처럼 보이는 이 미용실은 지하에서 지상 4층까지를 모두 미용실로 사용하고 있다. 유명 연예 기획사인 싸이더스에서 직접 운영하는 미용실로 연예인들도 즐겨 찾는 명소다.

공원 서편, 압구정로 46길 조용한 골목길을 따라 내려와 공원 남쪽 작은 골목길로 들어선다. 이 골목에서는 이삼십대들이 카메라를 들고 삼삼오오 건물 사진을 찍는 외국인 방문객들의 모습을 종종 목격할 수 있다. 카페거리를 대표하는 또 다른 맛집 명소가 자리 잡고 있기 때문이다. 최근 방송을 통해 유명해진 샘킴이 총괄 셰프로 있는 보나세라가 그 주인공이다. 그 이름처럼 유럽풍 가득한 이탈리안 레스토랑이다. 이곳의 인기는 드라마 〈파스타〉가 방영되면서부터 시작되었다. 샘킴은 드라마의 배경이 된 인물이었고, 당시 드라마가 큰 인기를 얻어 오랫동안 압구정의 명소로 알려지게 되었다. 여전히 레스토랑 앞에는 〈파스타〉의 무대였음을 알리는 작은 현수막이 걸려 있다. 드라마는 최근까지 아시아의 몇몇 국가에서 방송을 타면서 여전히 큰 인기를 누리고 있다.

새로운 플래스십 스토어의 실험 무대

보나세라에서 골목길을 따라 약 10m 정도 내려오면 도심 속 작은 공원이 자리 잡고 있다. 공원 앞으로는 높이가 20여 m는 족히 되어 보이는 은행나무 가로수길이 펼쳐진다. 좁은 골목길을 거닐다가 한적한 공원과 운치 있는 가로수길의 풍경에 마음도 차분해진다. 가로수길 뒤편으로는 화려한 외관을 자랑하는 플래그십 스토어들이 자리를 잡고 있다. 황금빛 파사드를 자랑하는 랄프로렌과 에르메스 플래그십 스토어는 파사드부터 고급 브랜드의 향기를 풍긴다. 가을이 되면 노란빛을 띠는 은행나무 가로수와 서로 어우러져 그 고급스러운 이미지를 더한다. 우리나라의 가방 브랜드인 0914의 도산 플래그십 스토어도 한데 어우러져 있어 우리의 브랜드가 세계적인 브랜드로 자리 잡은 듯한 느낌이 든다.

이들 명품가게는 청담동 명품거리와는 사뭇 다른 느낌이 든다. 오히려 청담동 명품거리에서 떨어져 나와 독자적으로 자리 잡아 더 고급스럽다.

새로운 명품숍 골목으로 탈바꿈된 도산공원 앞 은행나무 가로수길

전문가들은 명품 속의 명품임을 보여 주기 위한 전략이라고 평가하기도 한다. 에르메스는 지하에 카페마당이라는 카페를 열어 고급 전략과 함께 방문객 유인 전략을 함께 강화해 나가고 있다. 명품가게의 고급스러운 이미지 때문에 강남에 거주하는 젊은이들의 소개팅과 데이트 장소로 각광을 받고 있다. 특히 에르메스는 중국인들이 가장 선호하는 명품으로, 주말이 되면 쇼핑 관광을 온 중국인 방문객들로 시끌벅적해지는 곳이기도 하다.

도산공원 앞 랄프로렌 건너편에서는 건물 리모델링 공사가 한창 진행되고 있다. 2015년 이 건물은 설화수라는 브랜드로 유명한 국내 화장품 업체인 아모레퍼시픽에서 인수하였다. 이 건물은 우리나라 최고의 한류 연예인으로 손꼽혔던 영화배우 배용준이 고릴라키친이라는 레스토랑 사업을 시작했다가 실패를 경험했던 곳이다. 최근 몇 년간 1층 상점은 높은 임대료에 입점하려는 업체가 전혀 없었다.

하지만 에르메스를 찾는 중국인 관광객들이 많아진 이곳의 판도가 크게 바뀌었다. 더불어 도산공원 초입이라는 입지적 배경에 국내 업체들이 매입에 나섰기 때문이다. 결국, 아모레퍼시픽이 인수하게 되었고, 앞으로 이곳에서 어떤 변화를 이끌어낼지 주목을 받고 있다.

국내외 고급 명품 플래그십 스토어가 자리 잡은 도로, 그 양쪽 골목길 안으로도 유명한 음식점과 패션숍 등 현대적 건축물들이 자리 잡은 골목 사이로 전통 한옥의 모습을 담은 명소가 있다. 자세히 보면 현대 건축과의 조화가 돋보이는 한옥 건물인데, 우리나라 전통의상인 한복을 만들고 판매하는 전통 한복집 솜씨명가이다. 아름드리나무로 둘러싸인 마당과 물레방아가 멋스럽다. 나무로 된 외관이 돋보이는 1층은 전통미가 엿보이는 반면,

랄프로렌 플래그십 스토어   에르메스 플래그십 스토어

전통 한복집, 솜씨명가

전면 유리로 만든 2층은 모던한 멋이 엿보인다. 이곳 솜씨명가는 웨딩거리와 가깝고, 직접 생산하는 원단으로 개개인의 특성에 맞는 한복을 만드는 곳으로 알려져 많은 사람들이 찾는 곳이다. 사극이나 영화에서도 자주 등장하며, 전통악기 연주가나 한국 무용가들 사이에서도 최고급으로 손꼽히고 있다.

안창호 선생의 정신을 기린 도산공원

도산공원

도산 안창호 기념관

29,974m² 규모의 도산공원은 도산 안창호와 그의 부인 이혜련의 묘소가 있는 곳으로 안창호의 애국정신과 교육정신을 기린 곳이다. 1971년 공원으로 지정되었고, 1973년 개장하였으며, 1998년 공원 안에 도산 안창호 기념관을 개장하였다. 공원 안에는 안창호 선생의 정신을 기린 묘소와 동상, 어록비, 비문 해설 등이 있으며, 산책로와 산책 시설 등을 갖추고 있다. 기념관에는 사진과 신채호가 안창호에게 보낸 서한, 흥사단 활동 문서, 도산 일기 등이 전시되어 있다.

안창호는 1897년 독립협회에 가입한 후 애국 계몽 운동에 앞장섰다. 고향에 한국 최초의 남녀 공학 학교인 '점진학교'를 설립하였다. 1905년 미주 한인 최초의 민족운동 단체인 '공립협회'를 창립하였고, 을사조약 후 이갑, 양기탁, 신채호 등과 함께 '신민회(新民會)'라는 비밀결사를 조직하였다. 대한매일신보를 통해 민중운동을 도모하였다. '105인 사건'으로 인해 신민회가 해체되자마자 1913년 '흥사단(興士團)'을 조직하여 독립운동을 이끌어갔다. 1919년 3·1운동 이후 대한민국임시정부 내무총장 겸 국무총리 서리로 활약하였고, 서재필, 윤치호 등과 함께 『독립신문』을 창간하였다. 1928년 한국독립당을 창당하였으며, 1932년 윤봉길 의거 및 1937년 동우회 사건 등으로 각각 일본 경찰에 붙잡혀 복역하였으며, 1938년 병으로 보석되어 휴양하다가 사망하였다. 매년 3월 10일이 되면 흥사단과 도산기념 사업회에서 주관하는 도산 추모 기념행사가 이곳에서 열린다.

대한민국 명품 거리에서
K스타로드로 변화하는 청담동

물 맑은 못에서 명품 도시로 탈바꿈한 청담

청담(淸潭)이라는 지명은 청담동 105번지 일대에 맑은(淸) 연못(潭)이 있다고 하여 붙여진 것이다. 또한 청담동 134번지 현 정림아파트 근교 한강 변의 물이 깨끗해 '청숫골'이라 불러 왔던 것에 연유한다. 조선의 지리학자 이중환의 호가 청담(淸潭)이기는 하지만 그의 호와는 관련 없는 곳이다.

조선 후기까지는 경기도 광주군 언주면 청수골, 수골, 큰말, 작은말, 솔모 퉁이 등의 마을로 이루어져 있었으며, 일제 강점기 1914년 행정구역이 개 편되면서 경기도 광주군 언주면 청담리로 변하였다. 1963년 서울시 성동구 에 편입되었다가, 1970년 법정동과 행정동 일원화 작업 때 수도동사무소가 청담동사무소로 변경되었다. 인구 증가로 1988년 청담1동과 2동으로 행정 동이 분동되었고, 2009년부터 다시 청담동으로 통합되었다.

강남구 북쪽 지역으로 한강변을 접하고 이를 따라 아파트와 고급빌라, 단 독 및 다세대 주택이 분포한다. 청담동의 동쪽으로 한강이 곡류하는 지점, 서쪽으로는 압구정동, 남쪽으로는 삼성동, 북쪽으로는 성수동과 자양동을 접하고 있다. 면적은 2.33km²이며, 인구는 약 30,000명에 달한다.

청담동의 행정구역

　드라마 〈청담동 앨리스〉의 배경이 된 곳으로, 명품으로 치장한 젊은 사모님의 모습, 청담동을 동경하는 여성들의 모습을 담고 있다. 드라마에서처럼 청담동은 고급 주택가이며, 화랑 및 패션숍, 호텔 등의 다양한 서비스 시설이 모여 있는 공간이다. 고급화된 소비 공간으로 자리 잡은 청담동은 '노블리스', '보보스'●라고 불릴 정도로 차별화된 곳이다.

　청담동 명품관으로도 불리는 명품거리는 판매를 목적으로 한 공간이라기보다는 명품을 홍보하기 위한 목적의 플래그십 스토어가 즐비한 곳이다.

● 물질적 실리와 보헤미안의 정신적 풍요를 동시에 누리는 미국의 상류 계급으로 부르주아와 보헤미안의 합성어이다.

대한민국 최대 명품거리, 청담동 명품패션거리

하나의 건물을 하나의 특정 명품 브랜드의 공간으로, 개성과 가치를 24시간 365일 광고하며, 브랜드의 특성을 미학적으로 표현하는 것이다. 세계적인 명품 특구로 알려진 파리의 샹젤리제와 생제르맹을 걷는 듯한 묘한 매력에 이끌리고 마는 이곳이 청담동 명품거리다.

명품 쇼핑 명소, 갤러리아백화점

부유층 이야기를 소재로 다룬 드라마나 영화에서 주된 배경이 되었던 곳, 청담동은 부의 상징적 공간이다. 평창동, 한남동과 함께 내로라하는 부유층이 모여 사는 동네로, 그들만의 소비 공간인 명품거리가 존재한다. 명품거리는 2012년 개통한 분당선 압구정로데오역에서 내리자마자 보이는 갤러리아백화점에서부터 시작하여 7호선 청담역까지 이어지는 약 1km의

지리교사의 서울 도시 산책

갤러리아백화점 명품관, 서관(WEST)

거리를 말한다. 갤러리아백화점부터 이어지는 압구정로를 따라 70여 개의
국내외 명품 플래그십 스토어가 자리 잡고 있는 국내 유일의 명품거리이자
아시아 최대의 명품거리이다. 최근 입점하는 브랜드가 많아지고 있고, 기
존의 명품가게들도 리모델링을 통해 규모를 확대하고 고급화 전략을 더욱
강화해 나가고 있다.

　대한민국 명품 쇼핑의 명소로 알려진 갤러리아백화점이 거리의 첫 시작
을 연다. '명품'이라는 소비문화의 상징인 청담동에서 이 백화점은 오랫동
안 그 소비의 중심 역할을 톡톡히 담당해 왔다. 특히, 1995년에 개장된 갤
러리아백화점 명품관은 '청담동 명품패션거리'라는 이름을 탄생시킨 배경
이 되었다.

　동관과 서관으로 구성되는 갤러리아백화점은 두 건축의 파사드가 너무
달라 서로 다른 백화점으로 착각하곤 한다. 한양아파트 사거리 앞 선릉로

를 끼고 양쪽으로 나뉘어 있어 그 서편을 서관, 그 동편을 동관으로 구분한다. 일단 두 건물 중 먼저 시선을 사로잡는 것은 서관이다. 패션관으로 불리는 서관은 햇살이 비치는 맑은 날이면 건물 자체가 황금빛을 내어 눈이 부실 정도로 고급스러움을 더한다. 건축 자체가 예술 작품인 듯싶다. 서관의 설계는 건축가로서 실내 디자인과 도시 개발, 계획까지 다양하게 활동하고 있는 벤 판베르컬이 연출한 것이다. 그는 외관 디자인의 기본 개념을 역동성과 더불어 시간의 연속성을 표현해 낼 수 있도록 변형된 원으로 설계하였다. 물결이나 나무의 나이테처럼 변형된 원을 바탕으로 패션의 에너지와 쇼핑 시간의 제한이 없는 새롭고 재미있는 경험을 할 수 있는 공간으로 표현하였다. 여성 의류나 가방에 자주 쓰는 스팽글 형태를 모방한, 4000여 개에 달하는 유리디스크로 만든 외관은 세련되고 활기찬 모습뿐만 아니라 고급스러움도 연출한다. 밤이 되면 특수 조명으로 파사드에 네온사인처럼 화

도리아식의 기둥과 반원형의 아치에 고전미가 돋보이는 갤러리아백화점 동관

려한 이미지가 투영되어 거리 전체를 장식한다.

명품 이미지를 갖춘 서관과는 달리 동관의 첫 인상은 3층 규모로 작다. 압구정 현대백화점과 같이 아파트 단지와 함께 지구 계획에 묶여 용적률이 낮기 때문이다. 그러나 알고 보면 동관의 파사드는 세련됨 그 자체다. 그리스의 파르테논 신전과 유럽의 성당 건축이 합쳐진 형태로 그 규모는 작지만 그 가운데에서도 건축의 웅장함이 엿보인다. 전면 입구에는 네 개의 도리아식 기둥이 나란히 세워져 고대 건축의 기품도 함께 느껴진다. 입구 양쪽으로는 반원형의 아치형 창들이 서로 열을 맞추어 맞대고 있어 중세 유럽의 성당을 방문한 듯한 느낌이 든다.

한국의 명품 패션 일번지, 청담 명품거리

청담 명품거리는 갤러리아백화점 동관에서부터 시작해 SM타운을 지나 청담 사거리까지 이어진다. 세계적인 명품 플래그 스토어들이 청담 사거리를 지나 청담공원 앞 사거리까지 이어진다. SM타운까지 약간은 경사진 사면을 오른다. 로로피아나를 지나서부터는 다시 완만하게 남쪽으로 꺾어지면서 내려간다. SM타운을 따라 조성된 K스타로드에는 요즘 이삼십대 젊은 이들이 많이 찾는 MCM, 지방시, 까르띠에, 엠포리오아르마니, 페라가모, 에스까다 등의 플래그십 스토어가 자리를 잡고 있다. SM타운까지의 구간을 오르는 동안 그 너머까지 이어져 있는 명품거리가 보이지 않다 보니 호기심을 자극하기에 매력적인 소재가 된다. SM타운을 넘어서부터는 명품거리의 명성에 걸맞는 듯한 화려한 거리 풍경이 펼쳐진다. 구찌, 돌체앤가바나, 조르지오아르마니, 루이비통 등 세계적으로 명성이 자자한 명품가게들로 거리는 이어진다. 외관은 물론, 내부 디자인과 상품진열에 이르기까지 해당 브랜드의 성격을 극대화하여 명품의 이미지를 만들어 내고 있다. 내로라하는 브랜드들이 한데 모여 벽을 맞대고 있다 보니 경쟁이라도 하듯 그 외관을 최대한 고급스럽게 조성해 놓았다. 거리를 걷고 있노라면 명품 가게의 화려한 분위기에 압도당해 스스로가 위축될 정도다. 그래서일까? 이곳 명품거리는 항상 한산하다. 하지만 오히려 거리의 한산함이 명품거리를 더 고급스럽게 하는 상징이 되었다. 누구나 쉽게 방문할 만한 공간이 아

Tip

갤러리아 서관 파사드 속 LCD의 비밀, 삼원색

갤러리아백화점 서관(WEST)은 멀리서 보면 황금빛 가득한 고급스러움을 연출한다. 좀 더 자세히 들여다보면 태양광에 반사되어 각기 다른 각도에서 다른 색깔의 무늬가 나타난다. 야간에는 거대한 입체 전광판처럼 여러 빛깔들이 시시각각 변하면서 파사드를 화려하게 만들어 낸다. 이 빛의 비밀은 4,330개에 달하는 유리디스크에 있다. 건물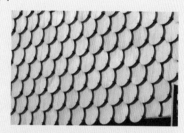을 감싸고 있는 유리디스크 뒷면에 조명을 설치했기 때문이다. 하나가 83cm인 유리디스크 2장을 서로 맞물려 포개고, 이 사이에는 반투명 셀로판지 형태의 홀로그래픽 포일을 부착하였다. 낮에는 태양빛에 보는 방향과 위치에 따라 파사드에 변화가 일어나도록 해 독특한 분위기를 연출한다. 밤에는 유리디스크 뒷면에 각 한 조(빛의 3원색, RGB; Red, Green, Blue)씩 설치된 특수 LED(Light Emitting Diode)가 프로그래밍된 컴퓨터 시스템과 연계되어 기후 조건을 반영한 조명을 유리디스크로 비춰 준다. 이로 인해 LED 조명의 색상과 강도에 변화를 주어 다채로운 작품을 만들어 내는 조명쇼가 펼쳐질 수 있는 것이다.

야간의 LED조명으로 갤러리아 명품관이 화려함을 더한다(사진 출처: 한화 홈페이지).

니라는 심리가 적용된 것이다.

청담동이 지금의 모습으로 변화된 것은 1990년 중반부터다. 명품 브랜드들은 당시 인기를 끌던 압구정보다는 비교적 한산한 청담동에 매력을 느꼈다. 조르지오아르마니(1994년)와 엠포리오아르마니(1994년)가 자리 잡았고, 이후 캘빈클라인(1996년), 프라다(1997년), 돌체앤가바나(1998)가 단독 매장을 오픈하면서 명품거리를 형성해 나갔다. 2000년대 이후 루이비통, 아이그너, 폴로랄프로렌, 까르띠에, 페라가모, 에르메니질도제냐 등의 단독 매장이 들어서면서 완연한 명품거리의 모습을 갖추게 되었다. 특히, 2015년 버버리 서울 플래그십과 크리스찬디올의 하우스오브디올 등이 오픈하면서 이 거리에 세련미를 더했다. 2016년에는 MCM, 겐조, 미우미우 등의 매장도 새로 문을 열어 아시아 최대의 명품거리로 발돋움하고 있다.

금융 위기 당시 이곳에도 빈 상점이 많아졌었지만, 2010년 이후에는 예

플래그십 스토어로서의 기능을 담당하는 청담동의 명품숍

전의 명성을 되찾았을 뿐만 아니라 이를 넘어 신규 입점 또한 늘어났다. 이는 전반적인 경기 침체에도 불구하고 명품을 찾는 고소득층의 구매력이 높아진 것을 의미한다.

최근 이 거리는 '신세계 거리'로도 불린다. 이곳의 오랜 터줏대감이 신세계 기업이기 때문이다. 1996년부터 신세계인터내셔널이라는 자회사를 통해 신세계는 해외 패션 브랜드 사업을 펼쳐 왔다. 돌체앤가바나, 코치, 엠포리오아르마니, 조르지오아르마니, 필립림 등 신세계 수입 매장만 해도 10여 개에 달하고 있다. 삼성도 명품 브랜드 사업에 진출하면서 청담 명품거리에서의 패션 경쟁은 가중되어 가고 있다.

K스타로드와 연예인의 거리

프랑스 파리의 샹젤리제, 영국 런던의 애비로드, 이탈리아 로마의 스페인 광장 등은 도시 여행자라면 꼭 한번은 방문해야 하는 명소들이다. 이들 도시는 모두 거리가 가진 장소성에 스토리를 입혀 방문객들을 끌어들여 왔다. 파리의 샹젤리제는 전 세계적인 명품패션 거리로, 애비로드는 비틀즈로, 스페인 광장은 오드리 헵번의 이야기가 도시 여행의 즐거움을 선사한다.

명품거리도 변화의 새 옷을 입고 있다. 한류 팬들을 위한 거리, 일명 K스타로드가 조성된 것이다. 한양아파트 앞 사거리에서부터 청담 사거리까지 청담 명품거리 중 1km에 걸쳐 한류 스타를 상징하는 17개의 인형으로 거리를 꾸몄다. 압구정로데오역 2번 출구 앞으로는 엑소와 샤이니 등 한류 스타가 서로 겹쳐 보이는 인형이 있다. 그리고 미스에이, 2PM, 포미닛, 슈퍼

주니어, 샤이니, FT아일랜드, 동방신기, 씨엔블루, 엑소, 소녀시대, AOA, 방탄소년단, B1A4, 빅스, 인피니트, 카라, 블락비 등의 아트토이가 이어진다. 이들은 SM과 JYP, CUBE 등 압구정로 주변에 자리 잡은 기획사 소속 한류 스타들이다. 지금 아트토이들은 강남과 한류 아이돌(Idol), 인형(Doll)의 의미를 함께 담아 '강남돌(GangnamDol)'이라는 이름으로 불리고 있다.

K스타로드를 포함하여 그 아래로 이어지는 골목을 일컬어 지금까지 '연예인의 거리'로 불러 왔다. 압구정로를 비롯해 그 아래로 압구정로 60길, 선릉로 162길을 따라 연예 기획사, 모델라인을 비롯하여 고가의 수입 편집숍, 유명 미용실들도 함께 자리를 잡고 있다. 이 골목은 걷다 보면 가끔 유명 연예인들과 마주칠 수 있어 방문객들에게는 무척 흥미로운 장소이다. 어느새 한류 관광객들 사이에서도 소문이 난 모양새다. 골목 안을 걷다 보면 외국인 관광객들의 모습이 종종 목격된다. 거리 자체의 이미지만으로 이름 붙

한류 스타를 상징하는 17개의 아트토이가 이어지는 K스타로드

SM타운

일본인 관광객

청담동 골목에는 고급 미용실과 카페, 미용 병원, 수입 편집숍 등이 밀집하고 있다.

지리교사의 서울 도시 산책

여진 곳이다 보니 무언가 부족한 듯 보이지만 한류 관광객들은 이 모습 그대로를 즐기는 것 같다.

한류를 통해 얻은 결과이니 만큼 이를 꾸준히 유지시켜 나가기 위한 노력이 필요해 보인다. K스타로드에 강남돌이라는 아이템을 활용했던 것처럼 연예인의 거리에도 스토리가 필요할 듯싶다. 방문객들이 쉽게 찾아볼 수 있도록 테마별 안내도를 제공하는 것과 더불어 각 골목별로 특색을 살려낼 수 있는 방안을 모색해야 할 때이다. 가령, 한류 열풍을 이용하여 드라마에 등장했던 주변 지역의 사찰 등 우리 문화를 엿볼 수 있는 촬영 장소를 방문하고, 우리의 전통음식을 만들거나 맛보는 체험을 조심스럽게 끼워 넣어 한류와 우리 문화를 자연스럽게 연결하여 구성한다면 새로운 장소성을 더할 수 있지 않을까?

예술의 거리와 웨딩의 거리

청담 명품거리, 그 양쪽으로 이어진 작은 골목길을 일컬어 예술의 거리라고 부른다. 압구정로를 중심으로, 북쪽으로는 도산대로 81길, 남쪽으로는 선릉로 162길, 도산대로 75길이다. 좁은 골목이지만 그 안에 크고 작은 40여 개의 갤러리들이 자리 잡고 있다. 갤러리의 규모는 그리 크지 않지만 청담동이라는 공간 안에 있어서인지 고급스러움이 묻어난다. 사설 갤러리에서 미술품을 관람하고 이를 구입하는 이들은 얼마나 될까? 왠지 대중들과는 이질감이 느껴지는 낯선 공간이다. 그럼에도 이 골목에 자리 잡은 이유는 청담동이라는 배경에 있다. 이곳에 자리 잡은 갤러리들은 함께 모여 크고 작은 행사들을 개최하고 있다. 가장 큰 행사가 청담동 화랑들이 주관하는 '청담미술제'이다. 이 축제는 1991년에 시작되어 2012년 20주년을 맞이했을 정도로 청담동 명품거리의 역사와 함께하고 있다. 청담동의 화랑 18곳이 참가할 정도로 규모가 크며, 2012년에는 '컬러 오브 워터(Color of Water)'를 주제로 70여 명의 작가의 신작 400여 점을 선보였다. 2016년에는 26회를 맞아 갤러리아 명품관 앞에서 그 개막식을 열고 10일간의 행사가 진행되었다. 1977년에 개관한 이곳의 터줏대감인 갤러리부터 최근 이곳에 문을 연 갤러리까지 다양한 갤러리들이 참여하였다. 앤디 워홀, 솔르윗, 호안 미로 등 해외 유명 작가들의 작품과 국내를 대표하는 작가들의 작품이 전시되었다.

이 거리의 마지막에는 동덕여대 디자인연구센터가 위치하고 있다. 1996년 동덕여대 디자인대학과 디자인대학원을 이곳으로 이전한 것이다. 디자인 연구센터는 동덕여대의 디자인 분야 실력자 양성을 위한 기관으로 실기실습실, 스튜디오, 자료실, 갤러리 등 최신 시설을 갖추고 '청담동'이라는

비앤갤러리

위치적 장점을 최대한 살려 최신 트렌드에 맞는 교육을 실시하고 있다. 예술의 거리, 패션의 거리와 연계된 산학연 협력 모델로서 훌륭한 사례로 인정받고 있는 곳이기도 하다. 사전에 이곳을 방문해 명품거리에 대한 소개를 부탁하면, 센터 안에서 한 시간 정도 안내해 준다. 실제 이곳에 자리 잡게 된 배경부터 이곳에서의 역할 및 활동에 대해 설명해 주기 때문에 방문객들의 만족도는 매우 크다. 최근 들어 예술의 거리는 '화랑거리'라는 이름으로 더 많이 불리고 있다. 두 가지 이름을 함께 부르면서 헷갈려 하는 사람도 많다. 지금과 같은 상황이라면 예술의 거리보다는 화랑거리라는 이름으로 명명하는 것이 더 좋을 듯싶다.

명품거리를 따라 삼성로 방향으로 내려오다가 청담 사거리에서 오른편 도산공원 방향으로 돌아선다. 왕복 10차선이 도산대로로 이어지는 이 거리는 주변에 웨딩숍이 많아서 '웨딩의 거리'로 불린다. 예비부부들이 사진을 찍거나 예복을 맞추러 간다고 하면 이곳을 말하는 경우가 많다.

하지만 실제로 도산대로를 따라 산책하다 보면 대로 주변은 '웨딩의 거리'라는 이름이 무색할 정도로 이와는 관련 없는 건물들이 대부분이다. 오히려 아우디, 벤틀리, 스바루, 재규어 등 고가의 수입차 판매점이 차례로 입점해 있어 마치 명품 차의 집합소처럼 느껴진다. 웨딩의 거리라기보다는 명품 차 거리라고 부르는 것이 오히려 맞을 듯해 보인다.

도산대로에서 그나마 규모 있는 웨딩의 거리 경관이라고 한다면 더청담이라는 웨딩홀 하나이다. 그러나 이 웨딩홀 하나 때문에 웨딩의 거리라고 이름 붙여진 것은 아니다. 먼저 도산대로에는 한국 최대의 매장과 디자인 시스템을 갖춘 한복점 진주상단과 '신부가 될 사람을 위하여'란 뜻의 라몰리에 웨딩숍이 자리를 잡고 있다. 그리고 골목으로 들어서면 규모가 작은 웨딩숍들이 작은 건물을 통으로 매입하거나 임대해 자리를 잡고 있다. 도산대로 58길 초입에는 청담동에서 꽤나 명성이 자자한 찰스박웨딩숍도 입점해 있다.

도산대로 양쪽으로 이어진 골목 안쪽으로 들어가면 청담을 대표하는 웨딩숍과 스튜디오들이 곳곳에 자리 잡고 있다. 도산대로를 따라 입점하고 있으면, 거리 명칭과 어우러질법한데 청담동의 비싼 임대료 때문에 어쩔

동덕여자대학교 디자인연구센터. 명품거리에 대한 안내를 받을 수 있다.

아우디, 벤틀리 등 수입차의 전시장을 방불케 하는 도산대로 웨딩거리

지리교사의 서울 도시 산책

수 없는 상황이다. 이 거리에는 국내 최고의 명성을 자랑하는 웨딩 디자이너의 웨딩숍이 30여 개나 입점해 있다.

　사실, 결혼을 앞둔 사람들이 아닌 이상 이곳 골목의 웨딩숍을 방문할 리는 없는 듯싶다. 골목 곳곳에 웨딩숍은 많은 반면 웨딩 스튜디오는 잘 보이지 않는다. 이는 웨딩 촬영이나 프로필 사진 촬영을 하는 스튜디오가 도산대로 북단 지역으로 분업화되어 자리를 잡았기 때문이다. 일명, 압구정로

웨딩홀 더청담▼　▼웨딩숍 라몰리에

한복점 진주상단▲　▲웨딩숍 찰스박

데오 뉴패션의 거리와 카페의 거리로 불리는 지역이다. 그렇다면 웨딩숍 지구와 압구정로데오의 스튜디오 지구를 하나로 묶어 '웨딩 문화의 거리'로 조성해 보는 것도 의미 있는 시도일 듯싶다.

강남의 새 명소,
핫 플레이스 신사동 가로수길

새로운 젊음의 명소, 신사동 가로수길

강남역, 홍대거리, 이태원 등은 이삼십대가 즐겨 찾는 명소인데 최근 핫 플레이스로 손꼽히는 곳이 바로 '신사동 가로수길'이다. 그 첫 시작은 지하철 3호선 신사역 8번 출구에서부터 진행된다. 가로수길까지 거리가 180m 정도 되지만 최근 유동인구가 급증함에 따라 신사역부터 상업 경관이 새롭게 바뀌었다. 강남역이나 청담동처럼 거리의 건물들은 대형 성형외과와 치과 등의 미용 관련 병원이 대부분이지만 건물의 1층만은 유동 인구가 많은 곳에서나 볼 수 있는 화장품 가게나 카페, 휴대폰 대리점 등이 입점해 있다. 세련된 간판과 인테리어를 보여 주는 거리는 '핫'하다는 것을 증명하기라도 하려는 듯 많은 인파로 북적인다.

신사역에서 5분여를 걷다 보면 기업은행이 있는 제이타워 앞이다. 도산 대로 왼편으로 신사동주민센터까지 이어진 도로가 가로수길이다. 사실 가로수길은 그 명성에 비하면 생각보다 공간이 협소하다. 2차선 도로에 남북으로 길이가 700m 정도다. 인도도 5m 정도의 폭으로, 성인 세 사람이 일렬로 서서 가다가는 서로 부딪힐 정도로 좁다.

신사동 가로수길

　좁은 인도와 차도 사이는 은행나무가 줄지어 있어, 이 거리를 초록, 노랑, 하양, 계절마다 각각 다른 색으로 물들인다. 1980년대 중반 새마을 지도자들이 심었던 160여 그루의 은행나무 가로수는 이곳에 '가로수길'이라는 이름표를 달게 해 주었다. 수형도 일반적으로 흔히 볼 수 있는 풍성한 형태가 아니라 피라미드 은행나무로도 불리는 패스티기아타(Fastigiata)의 품종이다. 미관도 뛰어나면서 상점의 간판은 가리지 않는 품종으로 우리나라에서 1990년대 많이 심었던 가로수 품종이다. 작지만 아름다운 가로수 경관을 만들어 내는 이 품종도 문제는 있다. 가을철이 되면 그 열매로 인해 엄청난

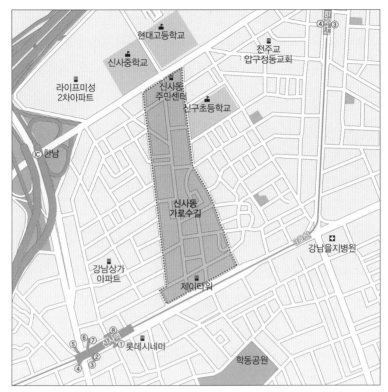

제이타워에서부터 신사동주민센터까지 이르는 가로수길의 공간적 범위

악취가 발생한다는 점이다. 심지어 가로수길에서 민원이 발생하기도 하여 인도를 화강석으로 바꿔 주는 일도 있었다.

하지만 이 거리의 랜드마크는 은행나무 가로수길 그 자체다. 조금 불편하더라도 계절마다 다른 모습을 보여 주는 가로수를 아껴야 하는 이유다. 압구정 로데오거리와 같이 이곳도 신사동 가로수길 자체가 이 지역의 물리적 장소 요소, 장소 브랜딩의 요소로서 상징적인 역할을 한다.

건물은 1970~1980년대 당시 용적률 제한 때문에 대부분 5층 이하이다. 1990년대 이후 가로수길 서편에 새로 지어진 건축물은 바뀐 용적률을 반영하여 5층 이상의 건축물도 꽤나 보인다. 2차선 도로에는 벤츠, 아우디 등의 고급 차량들로 가득하고, 좁은 인도에는 젊은 인파로 항상 붐빈다. 프랜차이즈 카페와 화장품 가게, 스파(SAP) 매장으로 가득 찬 거리는 대기업의 전시장을 방불케 한다.

신사동 가로수길은 청담동 및 압구정동과 같이 강남 지역의 토지 구획사업으로 형성되었다. 1972년 압구정 지역에 대규모 아파트 단지가 들어서면서 소득이 높은 계층이 유입되었고, 8학군도 함께 이동하였다. 이들의 유입으로 지역의 소비문화 패턴에 고급화를 이끌게 되었고, 신사동 가로수길은 자연스럽게 갤러리 거리가 형성되어 문화적 색채를 입게 되었다. 첫 갤러리는 1982년 인사동에서 이전해 문을 연 예화랑이었다. 같은 해 박려숙화랑이 개관하였고, 점진적으로 화랑들이 하나둘씩 들어서기 시작하였다.

이와 같이 화랑이 들어선 이유는 크게 세 가지를 들 수 있다. 첫째는 상품을 소비하는 부유층이 강남으로 집중되었기 때문이다. 둘째는 인사동 지역보다 상대적으로 임대료가 저렴했기 때문이다. 셋째는 저렴한 임대료 덕택

160여 그루의 은행나무 가로수로 인해 이름 붙여진 신사동 가로수길

에 규모가 큰 갤러리를 열면서 화실도 함께 운영해 새로운 수입을 창출해 낼 수 있었기 때문이다. 지속적인 갤러리의 유입은 가로수길이 문화적인 명성을 얻도록 만드는 역할을 담당하였다.

더불어 개인이 운영하는 패션숍이 모여들어 '패션 거리', '디자이너 거리'로도 불리기 시작하였다. 특히, 해외 유학을 다녀온 신진 디자이너들이 첫 패션숍을 여는 장소로 각광을 받았다. 이들은 자신의 이름을 내건 숍을 열어 성패를 판가름하는 무대를 열었다. 세련된 상품을 보다 저렴하게 구입할 수 있어 젊은 신 소비층의 큰 인기를 얻게 되었다. 1990~2000년대 초반까지는 실험적인 정신으로 무장한 젊은이들이 소자본으로 창업을 했던 곳이었다. 이들이 운영했던 소규모 공방, 패션숍, 갤러리 등은 문화 창조의 작은 공간이었다. 점진적인 성장세를 보였던 2000년대까지와는 달리 2010년대 이후로는 큰 인기를 얻으며 급격한 변화를 겪었다. 유행에 가장 민감한 계층의 지속적인 유입은 거리에 활력을 불어 넣었고, 지금은 대표 명소로 자리 잡았다. 더 나아가 쇼핑만 즐기는 차원을 넘어서 젊은이들이 여가 생활 및 복합 문화 공간으로 탈바꿈하고 있다. 국내 사업의 성패를 판가름하는 기준이 되어 기업들은 이곳으로 진출해 새로운 상품의 가치와 전략을 평가하는 실험의 무대로 삼고 있다.

프랜차이즈 카페에 점령당한 거리

신사동 가로수길은 이미 대기업의 프랜차이즈 업체들로 넘쳐난다. 소규모 패션숍으로 가득하고 은행나무 가로수길로만 알려졌던 거리는 이제 프랜차이즈 카페와 대기업의 대형 매장 등으로 그 옷을 갈아입었다. 2010년대 들어와 가로수길이 핫 플레이스로 떠오르면서 거대 자본의 힘에 거리는 잠식당하고 말았다. 프랜차이즈 카페나 스파 매장들은 하나같이 건물을 통으로 매입하거나 전체를 임대해 그 힘을 과시하고 있다. 1층 일부분을 매장으로 사용하는 작은 상점들도 이미 유명 화장품 매장으로 대부분 임대된 지 오래다.

거리 초입부터 일리, 스타벅스, 탐앤탐스, 커피스미스, 카페코코브로니, 카페네스카페, 빈스토리, 카페슈가빈스로이드, 카페긴코에비뉴, 빈스빈스커피, 카페데자르, 카페7그램, 커피빈, 투썸플레이스까지 모두 대기업의 프랜차이즈 업체들뿐이다. 몇몇 카페를 빼고는 신축하거나 리모델링을 하여 건물 전체를 카페로 사용하고 있는 풍

신사동 가로수길에 자리 잡은 프랜차이즈 카페

경이다. 마치 패션 상품을 소개하는 플래그십 스토어를 보는 듯하다. 오전에는 텅 비어 있던 카페 공간들이 정오가 넘어서부터는 젊은 손님들로 넘친다. 임대료 비싼 건물에서 1층만 사용하는 것보다 전체를 사용하는 것이 오히려 수익에 도움을 주는 구조다.

2030세대가 모이는 핫 플레이스이다 보니 이 거리에서의 성공은 전국으

▲ 커피스미스
■ 커피빈
▲ 스타벅스

로 파급된다. 실험적인 마케팅 행사 등이 열리며 상권 경쟁이 매우 치열하다. 2015년 삼성전자의 '기어 S2 팝업스토어'가 마련되었으며 2016년 초에는 YG엔터테인먼트의 자회사 YG플러스에서 '문샷 쿠션 라운지'가 열리기도 하였다. 카페스미스의 인기 속에서 대기업들의 프랜차이즈 카페들이 시장을 넓혀갔다. 한편, 얼마 전까지 가로수길에 자리잡고 있던 몇몇 작은 카페들은 젠트리피케이션으로 이제는 찾아보기 어려워졌다. 몇 년 사이에 감당할 수 없을 정도로 오른 임대료 때문에 다른 지역으로 밀려나거나 폐업하고 말았다.

최근 전용면적 66m²(20평) 기준 가로수길의 점포 월 임대료는 800만~1000만 원 선에 달한다. 2008년 초 300만~350만 원 정도였던 임대료가 벌써 3배 가까이 오른 것이다. 상권의 가치를 판단하는 기준이 되는 권리금도 4억~5억 원 정도로 5년 전에 비해 3배 이상 올랐다. 이렇게까지 오른 임대료를 소규모 상점들은 도저히 감당해 낼 수가 없다. 가로수길을 핫 플레이스로 만들어 낸 장본인들이 쫓겨 나가는 형국이 벌어진 것이다. 도시 성장 과정에서 겪어야만 될 과정일지도 모르지만 내성을 길러낼 수 있도록 제도적인 지원이 가미되어야 한다. 거리 문화의 급격한 변화보다는 과도기를 함께 경험할 때 도시 문화는 더욱 풍성해질 수 있을 것이다.

스파 브랜드의 각축장

가로수길의 또 다른 모습은 건물 전체를 하나의 패션숍으로 사용하는 스파(SPA) 매장이 만들고 있다. 여기에서 스파는 목욕시설이 아니라, 유행에 맞는 제품의 생산, 판매, 유통을 제조사가 모두 맡아서 운영하는 의류 전문

제일모직 계열의 스파숍, 에잇세컨즈

점을 말한다. 건축적인 측면에서 보면 청담동 명품거리의 플래그십 스토어를 보는 듯한 느낌이다.

프랜차이즈 카페처럼 스파 매장들은 얼마 전까지만 해도 가로수길에서는 찾아볼 수 없는 것들이었다. 소규모 카페와 패션숍이 자리 잡고 있던 거리였고, 당시만 해도 국내에 스파 브랜드가 유입되지 않았기 때문이기도 하다. 10여 년 전부터 하나씩 알려졌던 스파 브랜드가 이삼십대로부터 큰 인기를 얻게 되자, 젊은 층에게 핫 플레이스로 떠오른 가로수길은 순식간에 스파 브랜드의 전시장으로 탈바꿈되었다. 강남·홍대 일대에 적당한 자리를 찾지 못했던 스파 브랜드들이 속속들이 몰려들어 가로수길에 자리 잡은 것이다. 대표적인 스파 브랜드로는 자라(ZARA), 미쏘(MIXXO), 스파오(SPAO), 유니클로(UNIQLO), 에이치앤엠(H&M), 포에버21(FOREVER21) 등이 있다. 특히, 일본의 유니클로와 스페인의 자라, 스웨덴의 에이치앤엠,

▲스페인 스파 브랜드 자라
▼미국 스파 브랜드 포에버21

스웨덴 스파 브랜드 에이치앤엠

미국의 포에버21 등 외국 업체들이 주를 이루고, 국내에서 출시된 에잇세컨즈(8seconds), 스파오 등의 브랜드가 자리를 잡아 가고 있다.

가장 먼저 시선을 사로잡는 것은 가로수길 초입에서 약 50m 거리에 자리 잡은 에잇세컨즈다. 2012년 문을 연 이 브랜드는 가격이 비싼 반면, 품질은 다른 브랜드보다 우수하다는 평가를 받으면서 인기를 얻고 있다. 제일모직이 운영하는 우리나라의 대표적인 스파 브랜드로 급속하게 성장한 비결을 보면 다음과 같다. 첫째, '에잇세컨즈', 즉 '8초'라는 브랜드 이름에는 8초 안에 고객의 마음을 사로잡겠다는 뜻이 담겨 있다. 일본의 교육학자인 시치다 마코도에 의하면 8초는 인간이 현재라고 인식하는 시간이다. 이것

Tip

스파의 생산 방식

스파(SPA)는 'Specialty store retailer of Private label Apparel'을 줄인 용어로, 자사의 기획 브랜드 상품을 직접 제조하여 유통까지 하는 전문 소매점을 말한다. 스파는 상품을 제조하는 업체가 정책 결정의 주체가 되어 대량생산 방식을 통해 효율성을 추구한다. 다른 브랜드와의 차이점은 아래와 같다.

첫째, 대량 생산을 통해 제조 원가를 낮춘다. 과거 의류 제조업체를 중심으로 여러 업체들이 협력하여 상품을 공급하던 방식의 시스템이 아니라 기획, 생산, 유통 과정을 수직적으로 통합시켜 하나의 기업이 모두 담당하는 시스템이다.

둘째, 이처럼 수직적인 통합을 통해 유통 단계를 축소시켜 저렴한 가격에 판매가 가능하다는 점이다.

셋째, 소비자의 라이프 스타일을 정확하게 파악하여 짧은 주기로 제품을 생산하여 유행을 즉시 반영하여 상품을 기획한다. 또한 본사에서 직접 매장을 관리함으로써 과잉공급을 방지하여 재고가 발생하지 않는 것이 특징이며, 철이 지난 상품은 다시 구입할 수 없다는 점은 고객의 소비를 재촉하는 효과를 내기도 한다.

은 사람들끼리 친밀감을 형성하는 데 걸리는 시간이기도 하다. 즉 브랜드의 이름이 '보는 순간 친밀감이 든다'는 뜻으로 풀이된다. 또 다른 의미는 8자를 옆으로 눕히면 '무한대(∞)'의 기호로 변하여 어느 하나에 얽매이지 않는 팔색조의 매력을 뽐냈다는 의지도 담겨져 있다. 둘째, 매장은 기존 스파 브랜드의 빠른 회전율을 보이는 패스트 패션이라는 이름에 걸맞게 구성함과 동시에 콘셉트스토어의 개념을 결합하였다. 매장 곳곳에 아티스트들의 전시 및 공연, 스타일링 클래스를 배치하여 독특한 매장 디스플레이를 연출하였다. 셋째, 한국인에게 제일모직이 고급스러운 의류 제품으로 알려져 있는 만큼 단순히 저가의 제품을 내놓는 것이 아니라 브랜드에 걸맞게 제품의 품질을 다른 스파 브랜드와 달리 향상시켜 중저가라는 가치를 만들어냈다. 넷째, 매장 내에서 휴식 공간과 가든 등 다양한 공간을 마련하였다. 단순히 쇼핑만을 즐기는 것이 아니라 매장에서 만남을 가질 수 있도록 카페와 꽃집 등을 함께 구성하였다.

유럽인들에게 스파 브랜드는 저렴한 가격에 편하게 입을 수 있는 패션 상품이다. 그래서 가격도 생각보다 훨씬 저렴하다. 하지만 우리나라에서 스파 브랜드는 새로운 개념의 브랜드로 인정받으면서 유럽보다는 좀 더 높은 가격대를 형성하고 있다. 질적인 측면에서 다르다면 문제가 될 것이 없겠지만, 똑같은 상품임에도 불구하고 유럽과 한국의 가격차가 크게 나타나 새로운 문제로 인식되고 있다.

서울의 인기 산책 명소로 발돋움하다

이삼십대 젊은이들이 항상 북적이는 대한민국의 대표 핫 플레이스답게 거리는 새로운 이벤트들로 가득하다. 카페와 패션숍에서는 종종 팝업 스토어가 열리는 행사의 무대가 된다. 이벤트 회사인 이노버코리아와 강남구가 협력하여 'G 스트리트 트렌드페스타(G STREET trend festa)', 삼성전자와의 '가로수길 리빙페어' 아디다스와의 '배틀그라운드(battle ground)' 등의 거리 축제가 열리기도 하였다. 또한 '지바위크(GiVA WEEK)', '가로수야 놀자' 등 다채로운 축제들로 젊은이들을 유혹한다. 젊음의 명소답게 한 방송국의 연예 프로그램에서 연예인과의 만남을 갖는 '게릴라 데이트'의 현장으로도 많이 등장한다. 그래서 거리를 걷다 보면 연예인도 쉽게 목격할 수 있다. 거리는 대중적 인기를 얻고 있는 사람들만의 무대는 아니다. 패션 쇼핑몰의 촬영 장소로도 활용되어 종종 패션모델들의 카메라 촬영현장과 젊은 영화감독들이 거리를 소재로 다큐멘터리를 제작하는 현장도 목격할 수 있다. 그 인기가 외국에도 소개되는지 거리를 소개하고 촬영하는 외국의 촬영진도 종종 목격된다.

'게릴라 데이트' 촬영 현장   외국인 방문객들을 위한 가로수길 안내도

이러한 인기는 이곳을 찾는 방문객들에게서도 알 수 있다. 주로 이삼십 대의 젊은층이 찾는 곳이지만 최근에는 외국인 관광객이 많아졌고 연령층 도 다양해졌다. 젊음이 가득한 거리에 볼 것도, 먹을 것도 많다 보니 여행자 들의 필수 방문 코스로 자리매김하고 있다. 2000년대 초반까지는 주로 일 본인 관광객들에게 알려진 관광지였는데, 한류와 "강남스타일"의 인기 이 후 가로수길은 강남 스타일의 명소로 알려지면서 중국 관광객뿐만 아니라 세계인들의 서울 대표 관광 명소로 탈바꿈되었다. 거리를 걷다 보면 젊은 내국인 방문객들 사이로 가로수길 안내도를 들고 거리 산책을 즐기는 각국 의 관광객들이 종종 목격된다. 가로수길의 관광 안내소가 방문객들의 안내 를 돕고 있어 이곳이 관광지임을 실감할 수 있다. 조금은 한산해 보이는 청 담이나 압구정에서는 볼 수 없는 활기찬 거리 풍경이 연출된다.

가로수길의 새로운 명소, 세로수길

가로수길 양쪽 골목 사이로 난 작은 골목길을 일컬어 세로수길이라고 부 른다. 가로수길의 인기에 힘입어 주변 작은 골목길까지도 인기를 얻으면서 생긴 이름이다. 중의적 표현을 사용해 길 이름에 흥미를 더한다. 먼저 세로수길의 '세(細)'는 '가늘다'라는 뜻을 의미한다. 즉 가로수길 사이의 좁은 골목길이라 해서 붙여진 이름이다. 다른 하나는 동서로 잇는 가로와 남북으로 잇는 세로에서 착안한 개념이다. 참신한 이름의 이 골목길은 각각 도산대로 11길과 도산대로 15길, 논현로 153길, 강남대로 160길 등이다.

2000년대 초반까지만 해도 세로수길 역시 인적이 드물었던 곳이었다. 상점보다는 다가구 주택이 밀집했던 지역으로 조금은 낙후되어 있던 곳이었다. 하지만 가로수길의 인기가 급격히 높아지자, 가로수길에서 밀려난 소규모 점포들이 그 뒤편에 자리 잡게 되면서 세로수길은 더 확대되었고 임대료와 권리금도 함께 급등하면서 거리가 조금씩 확대되었다.

세로수길의 10평 남짓한 작은 규모의 점포들은 2010년대 들어서면서 30~40평 되는 맛집과 패션숍 등으로 바뀌어 나갔다. 2015년 이후로는 임대료가 100만 원대로 올랐고, 권리금도 2000만~3000만 원이나 올랐다. 일

다세대 주택가인 세로수길

부는 이곳의 임대료를 감당하지 못해 다른 지역들로 이전하기도 하였다.

그나마 가로수길과의 차별성은 세로수길은 패션 분야보다는 카페와 맛집 등에 있다. 일본에서 왔다는 도쿄빵야, 일식집인 도쿄맑음, 신발과 커피를 함께 파는 르버니블루, 고급 샌드위치 전문점 부첼라, 스웨덴 카페인 피카, 함박스테이크 전문점인 불칸, 페이퍼가든 등이 세로수길의 명소로 젊은이들에게 선풍적인 인기를 얻고 있다. 이 중 압구정로 14길 신구초등학교 앞에 자리 잡은 스웨덴의 커피와 음식 전문점인 피카(Fika)는 푸른색과 원목 그대로의 느낌을 살린 파사드로 방문객들을 사로잡는다. 독특한 스타일의 건축 스타일과 함께 차 한잔 즐길 수 있는 여유로움에서 북유럽의 향기가 물씬 느껴진다. 반대편 강남대로 160길에 들어서면 신사동 최고의 맛집으로 손꼽히고 있는 샌드위치 전문점 부첼라샌드위치가 자리 잡고 있다. 이곳은 한국인의 입맛에 맞도록 자체 개발하여 신선한 재료로 만든 치아바타를 유럽식 소스와 곁들여 젊은 고객들의 입맛을 사로잡았다. 개인이 운영하는 맛집처럼 보이지만 2008년부터 매일유업의 계열 회사가 되었다. 음

소규모 패션숍들이 입점한 세로수길

▲부첼라샌드위치 ▼불칸과 가로수다방　　　　　　　　　　　　　　　피카

식점이 워낙 작다 보니 안에서 먹기보다는 밖에서 먹는 거리 음식이다. 이
곳의 샌드위치는 모두 자체 생산되고 있으며, 주문 후 직접 굽는 슬로우 푸
드(slow food)다.

　이미 가로수길을 장악한 대형 프랜차이즈 업체들조차 세로수길의 이색
적이고 독창적인 분위기에 매료된 듯하다. 하나둘 골목으로 침투하고 있는
브랜드 매장들이 이를 보여 준다. 과연 이러한 상황에서 세로수길이 보여
준 문화의 다양성과 창조성이 유지될 수 있을지 그 귀추가 주목된다.

국제 비즈니스 중심지 코엑스

테헤란로와 영동대로가 만나는 삼성역 사거리에는 우리나라의 국제 비즈니스와 무역을 이끌어 가는 1973년에 개관한 코엑스가 자리를 잡고 있다. 1988년 한국종합무역센터(KWTC) 완공, 2000년에 들어와 지금의 형태가 완공되었다. 연면적 43만m²(13만 평)에 달하는 코엑스는 대형 전시장이자 복합 문화 공간으로 국제회의와 각종 대회가 연간 100회 이상 열리고 있다. 현재 코엑스는 국제회의, 관광, 컨벤션, 전시회 등이 하나로 합쳐진 MICE 산업의 중심으로 아시아 최고의 위치에 서 있다.

2000년에 개장한 코엑스몰은 2004년 리모델링을 통해 재개장했지만 규모에 비해 활력이 떨어졌던 곳이다. 2016년 신세계가 인수하여 스타필드 코엑스몰로 재개장하였다. 특히, 2800㎡에 달하는 중앙 공간은 13m 높이의 대형 서가에 5만여 권의 서적을 보유한 대형 도서관으로 탈바꿈되었다. 이렇게 중앙 공간을 공공 공간으로 조성하여 별마당 도서관은 서울의 대표 명소가 되었고, 방문객들이 증가해 상권은 더욱 활기를 띠게 되었다. 민간이 운영하는 사업에서 중심 공간을 공공에 내어주고, 이에 문화 콘텐츠까지를 더해 복합화공간으로 탈바꿈시킨 마케팅이 돋보인다.

우리나라의 국제 비즈니스와 무역을 이끌어 가는 복합 문화 공간, 코엑스

문화 마케팅의 성공 사례를 보여 준 스타필드 도서관

도시 산책 플러스

교통편

1) 승용차 및 관광버스

강남관광정보센터(현대백화점 주차장 이용), 압구정로데오역(도산대로 공영주차장), 청담 명품거리(한남 민영주차장, 갤러리아백화점 동관), 신사동 가로수길(신구초교 공영주차장), 신사동가로수길 앞(신사역)

2) 대중교통

- 지하철: 3호선 압구정역 ⑥번 출구, 3호선 신사역 ⑧번 출구, 분당선 압구정로데오역 ②·⑥번 출구
- 버스: 간선(143, 145, 148, 240, 301, 351, 362, 440, 441, 472) 지선(3011, 4318, 4412, 4419)

플러스 명소

▲ 봉은사
신라 시대 창건된 견성사(見性寺)에서 유래. 명종 때 문정왕후가 그 터에 봉은사라고 개칭하여 세운 사찰. 우리나라 불교 선종(禪宗)의 대표적인 사찰로 경내에는 대웅전, 법왕루, 북극보전 등의 시설을 갖추고 있음.

▲ 도산공원
도산 안창호의 애국정신과 교육정신을 기리기 위해 조성한 도심 공원. 안창호의 기념관이 있으며, 매해 추모기념행사가 열리고 있음.

▲ 시몬느핸드백박물관
세계 최초로 세워진 핸드백 박물관. 세계적으로 유명한 핸드백을 전시하고 있으며, 지하에서는 가죽 제품을 직접 제작해 볼 수 있는 체험 공간도 운영하고 있음.

산책 코스

◎ 강남역 ⋯ 강남관광정보센터 ⋯ 압구정 로데오거리 ⋯ 젊음의 거리 ⋯ 카페거리 ⋯ 청담 명품거리 ⋯ 연예인의 거리 ⋯ 예술의 거리 ⋯ 웨딩의 거리 ⋯ 신사동 가로수길

연계 산책 코스

1) 역사지리 산책: 세계유산 선정릉, 광평대군 묘역, 봉은사, 장흥사 명동종
2) 도시 산책: 한강공원, 논현가구거리, 코엑스, 대치동 학원가, 도곡동 타워팰리스, 구룡마을

맛집

1) 청담동 명품거리

- 도로명: 선릉로 158길, 선릉로 162길, 도산대로 81길, 압구정로 72길, 압구정로60길
- 맛집: 몽중헌, 아이엠씨, 레이디엠, 컬렉터스키친, 빈체로파스타, 뜨리앙, 엠부띠크

2) 압구정로데오거리
- 도로명: 선릉로 153, 선릉로 155, 언주로 168, 언주로 170, 도산대로 49
- 맛집: 쿠데타, 보나세나, 달빛술담, 세븐몽키스, 갓포모로미, Fifty50, 압구정꽃새우
3) 신사동 가로수길
- 도로명: 도산대로 11길, 도산대로 15길, 논현로 151길, 압구정로14길, 압구로 10길,
  강남대로 160길
- 맛집: 도쿄빵야, 도쿄맑음, 버니블루, 부첼라샌드위치, 피카, 불칸

참고문헌

곽진민·이은미, 2009, 브랜드에 생명을 불어넣는 스토리텔링 마케팅, kt 경제경영연구소,
    1-7.
권영걸, 2010, 서울을 디자인한다, 디자인하우스.
김민우, 2013, 특화가로 문화경관 해석, 서울 신사동 가로수길을 중심으로, 서울대학교 대
    학원 석사학위논문.
김소연, 2009, 강남구 청담·압구정 패션특구 형성 요인에 관한 연구, 서울시립대학교 대
    학원 석사학위논문.
김시준, 2005, 지역특화를 통한 춘천시 발전방안에 관한 연구, 연세대학교 행정대학원 석
    사학위논문.
김정하, 2012, '스토리 시티 부산'으로 가는 길-부산형 스토리텔링 구축 발안, 부산발전포
    럼, 136, 18-27.
김훈철, 2004, 브랜드 스토리 마케팅, 멘토르.
류수열·유지은·이수라·이용욱·장미영, 2007, 스토리텔링의 이해, 글누림.
손정목, 1999, 강남개발계획의 전개(IV), 국토, 82-95.
심승희·한지은, 2006, 압구정동·청담동 지역의 소비문화경관 연구, 한국도시지리학회지,
    9(1), 61-79.
우성호·박석수, 2010, 스토리텔링 기법을 이용한 공공공간 디자인에 관한 연구 - 이태원
    거리조성사업을 중심으로-, 한국실내디자인학회, 19(1), 245-252.
이나영·안재섭, 2012, 서울 신사동 가로수길의 소비문화 경관, 한국사진지리학회지,
    22(3), 199-216.
이두현, 2014, 스토리텔링 체험활동 기법을 적용한 도시 공간 개발 전략 -강남 스타일의
    중심 청담, 압구정 패션 특구와 신사동 가로수길을 중심으로-, 한국사진지리학회
    지, 24(3), 87-105.
이상훈·신근창·양승우, 2011, 상업가로로서 신사동 가로수길의 형성과정 및 활성화 요
    인 연구, 한국도시설계학회지, 12(6), 77-88.
이지현, 2011, 서울시 청담·압구정 패션 특구 관광 활성화 전략 연구: 장소 브랜딩과 스
    토리텔링을 중심으로, 이화여자대학교 디자인대학원 석사학위논문.